樹と暮らす

家具と森林生態

清和研二＋有賀恵一［著］

築地書館

前板の一つひとつに異なる木が使われた「いろいろタンス」。
この薬タンスは 64 種の木が使われている。**木の種類は次のページ。**

【いろいろタンスの樹種一覧】 前ページ

ミズキ	神代ニレ	カエデ	ミズナラ	イチイ	ムク	サクラ	クワ	エノキ	スギ
梨	カヤ	クリ	トウヒ	ニセアカシア	コシアブラ	神代サワグルミ	カラマツ	シデ	アカマツ
シラビソ	ケンポナシ	アズキナシ	チャンチン	カバ	神代エノキ	ハリギリ	神代スギ	柿	トチノキ
ハンノキ	カシ	神代クリ	屋久杉	神代ホオノキ	タモ	ウルシ	キリ	カツラ	神代ナラ
キハダ	トドマツ	オニグルミ	ホオノキ	クヌギ	イチョウ	神代ヤマザクラ	シナノキ	ポプラ	ヤマザクラ
ケヤキ	ツガ	ブナ	神代タモ	サワグルミ	シウリザクラ	ヒノキ	ニレ	ハクジ	シオジ
コブシ			クロガキ		ヒバ		アサダ		

水辺に生きる樹、大きな撹乱地に生きる樹

【アカシデの雄花と雌花】 36ページ

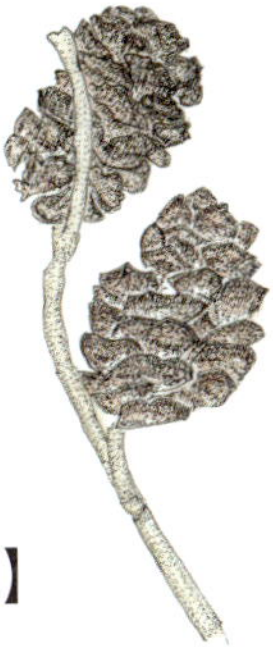

【ハンノキの果実】 21ページ

【紅葉したカツラ】 8ページ

【オニグルミの座卓】 26ページ

【カバのチェスト】 33ページ

老熟した森で生きる樹

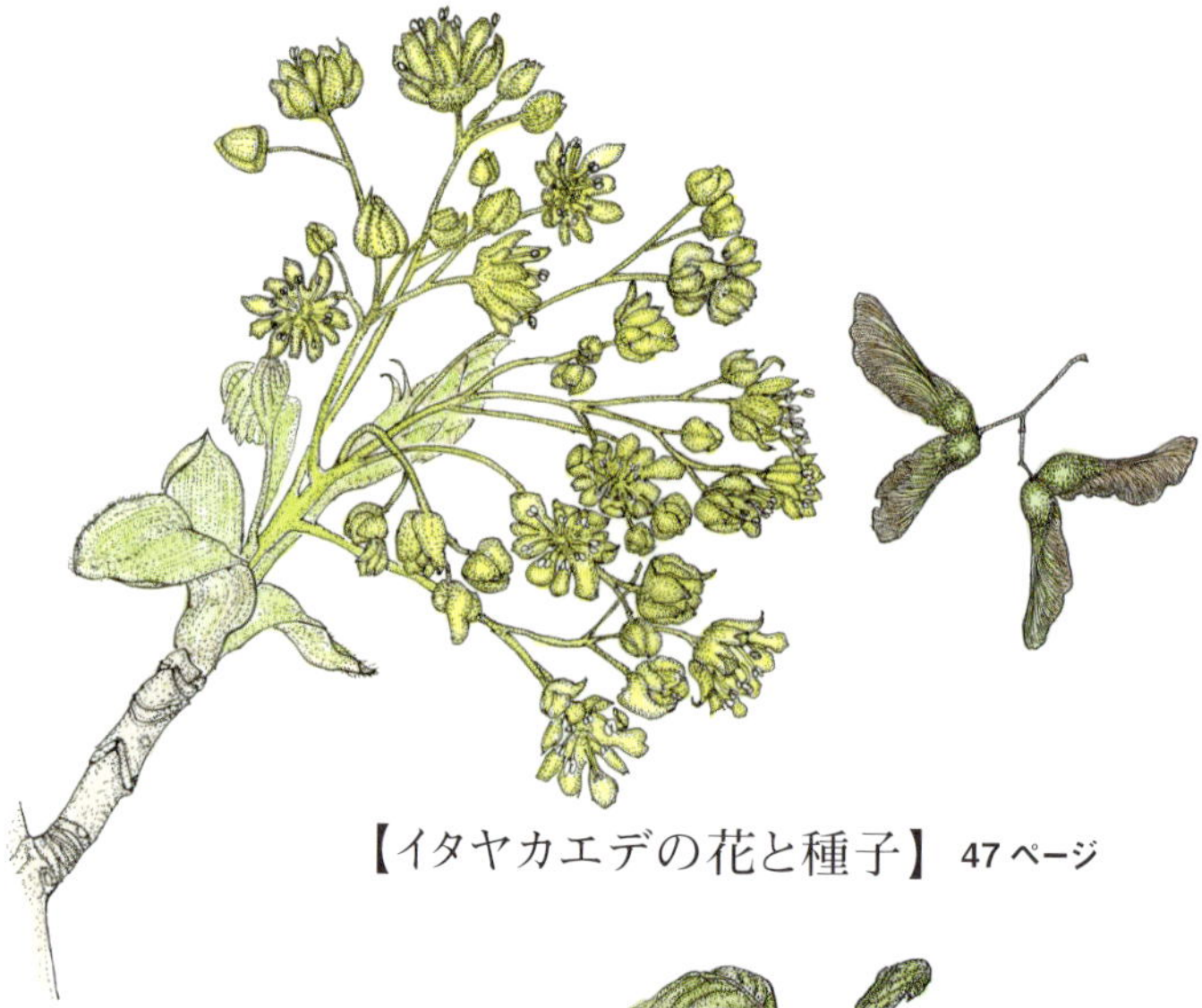

【イタヤカエデの花と種子】 47 ページ

【開き始めたコシアブラの葉】 71 ページ

【ヤマザクラの椅子】 46 ページ

【ミズナラのテーブル】 54 ページ

森の隙間で生きる樹、里山で人と生きる樹

【殻斗からのぞくクリ】
128 ページ

【キハダの芽生え】
106 ページ

【ホオノキの花】 97 ページ

【ウルシの椅子】 114 ページ

【ミズメのキッチン】 119 ページ

つる植物と針葉樹

【サルナシの花】
140 ページ

【カヤの葉と種子と果実】
154 ページ

【カラマツのベンチ（赤い支えはチャンチン）】
150 ページ

【漆塗りを施したカラマツの椅子】
150 ページ

果樹と外来種

【柿の実】 166 ページ

【チャンチンの実生】
180 ページ

【柿の枝】 166 ページ

【キリのタンス】 194 ページ

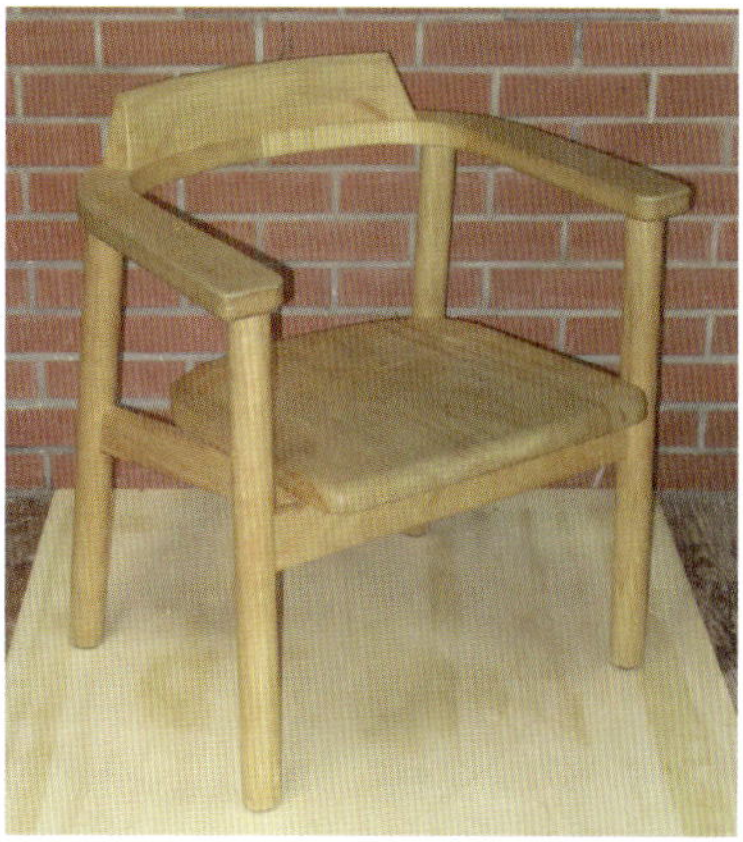

【キリの椅子】 195 ページ

杢いろいろ

【中杢】

【玉杢】

【縮み杢】

【笹杢】

【ブドウ杢】

【コブ杢】

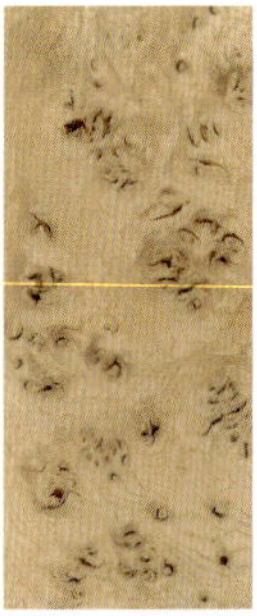

【鳥眼杢】

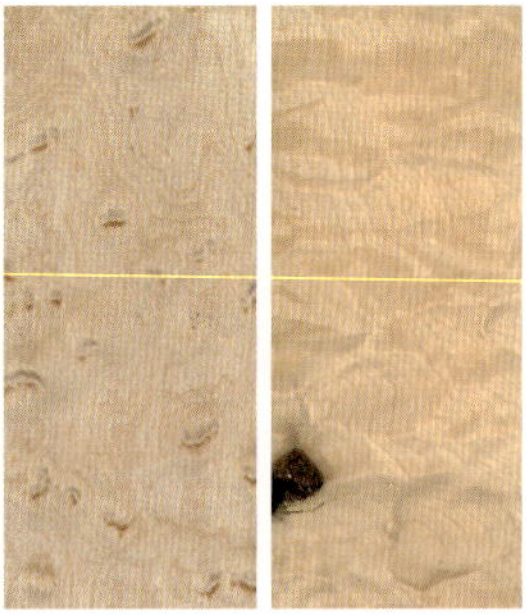

【根杢】

【蜂の巣杢】

【虎斑杢】

【○○○杢】

はじめに

森の樹々に想いを寄せる人たちは多い。奥地の森に分け入り巨木の前に立つ。めくれた樹皮の厚さに驚き、触れた幹の質量に圧倒される。見上げれば太い枝が緑の樹冠に吸い込まれている。

分厚い緑から漏れる陽の光は優しい。深い森で、何百年も生き続けてきた樹木に会うと、地球はずいぶんと美しい生き物、「樹木」を創り上げたものだと思う。

しかしながら、古来、巨樹は伐《き》られ続けてきた。神社仏閣や城郭を建てるため、巨木から順番に伐られてきた。青森三内《さんない》丸山の縄文遺跡の柱は直径一メートルを超えるクリが多用された。出雲大社の本殿には一・三メートルほどの柱を三本束ねた巨大な柱が使われていたらしい。法隆寺の中心柱は芯去り材の直径六〇センチのヒノキだ。多分、原木の直径は二メートルをゆうに超えていただろう。その後も巨木たちは伐り続けられ大伽藍《がらん》が造られていった。しかし、しだいに樹木への崇敬の念が薄れていき、巨木で造られた大建造物は、単なる権勢誇示に使われていった。したがって、戦《いくさ》のたびに焼かれた。

巨木は無尽蔵に出てくるものではない。針葉樹の天然林を伐り尽くし、奥山の広葉樹の巨木にまで手をつけたのはつい最近、第二次世界大戦後のことである。伐り尽くせるだけ伐ってはみたものの、日本には広葉樹で造られた大建造物が何か残っているだろうか。木工が大きな産業に育っただろうか。

一方、庶民は裏山の雑木を使った。家の周りに植えた木も使った。牛小屋も作業小屋も、母屋ももちろんすべて木でできていた。土台や柱、長押《なげし》は通直にしたが、梁は曲がったままの木を使った。屋根を縛るのも丈夫な細い枝を使った。囲炉裏や窓枠なども雑木だった。千歯扱《こ》きも鍬や鎌の柄なども、茶の間や台所の引き出しもそこに入れる茶碗や箸にもさまざまな種類の樹木を使った。材を薄く割り、つるを集め、籠を編んだ。繊維を取り衣類を織った。さまざまな種類の木々の特性を生かし、曲がった木も、細い木・枝も使った。したがって、木々の材質だけでなくその生態もよく知っていた。どこに生えているのか、伐っても萌芽再生するのか。伐り過ぎたらどうなるのか。今植えたらいつ使えるようになるのか。生活に欠かせないので、なくなっては困るからである。多分、裏山には巨木はなくとも多種多様な木々があった。薪《まき》を伐り炭を焼き、住食衣の多くを裏山の木々に頼って生きてきた。さまざまな日本の木工芸の発展は庶民の手工芸の延長であったのだ。

近年、奥地林も里山も、広葉樹の森から斧や鋸《のこぎり》、チェンソーの轟音《ごうおん》が消え去って久しい。ようやく、木々も少しずつ太りつつある。奥地のブナもミズナラも、里山のコナラやクヌギも少しだけ太くなってきた。今、再び、広葉樹資源の利用といったことがあちこちで聞こえ始めている。さて、どうしたものだろう。奥地林を伐り尽くしたときと同じ轍《てつ》を踏むわけにはいかない。

木で作られたモノは見て美しく触って心地よい。そして住んでも落ち着く。木の家を建て、木の家具・建具を揃えたい。そう思う人は多い。木々でできたものを身近に置くことは健康にもよさそうだし、なにより日々の生活が楽しくなる。しかし、木の良さがわかったので、欲しい分だけ木を伐るといった考えは安易に過ぎる。需要が増えたからといって、森を裸にしたり、太い木から伐っていくのは歴史を繰り返すだけだ。森の生態系にも地球環境にも良いはずがない。そんなことは小学生でも気づいているし、ほとんどの大人はわかったような気になっている。しかし、現代人は森から遠く離れて住んでいるため〝森で起きていることへの想像力〟を失っている。

木々を使う人たちは木々が育った森の姿に想いを寄せる必要がある。この木はどこで生まれ、何年かかってここまで大きくなったのか？　この木を伐った後、森はどう変わってしまうのか？　製材屋さんも家具・建具屋さんも、そして新しい家具を揃えた新婚さんも子どもにオモチャを与えた父さんも母さんも、心を巡らさなくてはいけない。森の歴史や、森でこれから起きるであろう出来事を想像しながら、木の製品を手にするのである。無垢の材の色合いを見るとき、樹冠一面に咲かせていたであろう花の色合いを思い浮かべる。そして、なめらかな木肌に触れるときは、軽やかに空を飛んでいくタネの姿を思い浮かべてみよう。小さな芽生えが地上に顔を出し、何十年、何百年もかけて大きくなっていく。その時間を、樹の来し方を思い浮かべること。これが、樹の命に敬意を払うことにつながるのである。本書は、樹々の美しさを、森で立っている姿と挽《ひ》かれた板の両方から想像できるようにと書いたものである。

我々庶民の生活はもっと木を使ったほうが「豊か」になるだろう。しかし、木を伐ることで裏山や奥地の天然林が再びみすぼらしくなるのはもうゴメンである。木を伐ることによってむしろ、森が充実したもの、健康なものになっていくことができれば、最高である。しかし、森が豊かになるような木の伐り方などあるのだろうか。そんなことは可能なのだろうか。

答えは存外簡単である。そのヒントを教えてくれたのが本書の共著者、有賀恵一さんである。有賀さんは一〇〇種以上の広葉樹を利用して家具や建具を作っている。無垢材としては見向きもされないシデ類・ウルシ・ヌルデなども使っている。ブドウやクズなどのつるも、役目を終えた果樹や街路樹までも利用している。普通は捨てられ燃やされているものまで大事にする。無垢材に挽き、長い間、野外で乾燥させる。辛抱強い下ごしらえがさまざまな樹種の利用を可能にしている。本書にはその秘訣が満載である。有賀さんは細い木や曲がった木も無駄にしない。ありとあらゆる木々の色合い、手触りを楽しんでいる。できあがった家具や建具にはさまざまな木々の色模様が溶け込んで豊かな風合いを醸し出している。まるで一つの森が現れたかのようである。

本来一つの森にはたくさんの樹種が共存している。世界中の自然林は放っておけばしだいに多くの樹種が混在するようになる。もちろん、種の数は熱帯林で多く、北方林では少ない。同じ東北でも太平洋側のブナ林では多くの樹種が混じり合うが、日本海側ではブナが優占し単調に見える。それでも、それなりに複雑に混じり合うのが自然の遷移の方向である。有賀さんは自然に逆らわない。それぞれの地域の自然が創った多様性を余すことなく、そして自在に使っている。

多種共存は森の摂理である。しかし、それに反して人間が単純な林を作ると大きな反作用が来ることが多い。たとえば、一〇〇種もの樹種が共存する天然の森を伐り、スギ、ヒノキ、カラマツ、アカマツ、トドマツなど特定の針葉樹だけを植えてみよう。一種だけでできている人工林を長い間放置すると、病虫害が大発生し、台風、豪雨、豪雪などでしばしば林全体が崩壊する。崩壊しないまでも、周囲の生態系には大きな悪影響を及ぼす。自然林が本来もつ治山、治水、水質浄化機能が大きく減退し人間の生活環境は悪化する。野生動物も住むところを追われる。このような単純林の機能劣化は、混み合いを放置した管理不足のせいではなく、生態系が単純化したことによるものだということを、近年の研究は示唆している。

森林は木が生えていれば良いものではない。今、多くの山地は壊れる寸前の不安定な生態系を抱えている。しかし、もし有賀さんのように多様な樹木に価値を認め、利用が進み、その個性に高い対価を払うことになれば、森の多様性を復元する原動力になるであろう。本書の主旨はここにある。多様な樹種の利用を進めることによって、多種共存の森を復元し、山間地に人が戻り、安定した収入を得て住み続けることができるようになればと願って書いたものである。

本書には六六種の樹木について、それぞれの森での姿と家具・建具になったときの姿を絵と写真で紹介している。六六の樹種は森の中での立ち姿が想像できるように、森の中のどんなところに住んでいるのかで分類した。水辺林、大きな攪乱《かくらん》地、老熟した森、森にできた小さな隙間（ギャップ）などである。また、人間が生育場所を決めている樹種は別にした。たとえば里山で利用されることによって維持されてきた樹、人工林として植えられてきた針葉樹、外来種、さらに果樹などである。これまで板材としては利用されてこなかったツルも入れた。にぎやかな章立てとなった。

また、コラムとして、多種が混じり合うようになる天然林の仕組み、消滅した巨木林の残影、人工林の現状と未来、そして森を扱い樹を伐るときの心遣いなどを短く書いた。この辺のことをさらに詳しく知りたい方は拙著『多種共存の森』（二〇一三）と『樹は語る』（二〇一五）（いずれも築地書館）をご参考ください。

本書は清和と有賀の共著である。清和は樹木や森の生態について絵を添えながら書いた。有賀は家具・建具や材の写真とともに、木材の仕入れ・製材・乾燥から、地中に埋まっていた神代《じんだい》と呼ばれる材や材に出る杢《もく》について書いた。さらに、木を扱うときの想いも述べている。樹々の立ち姿と加工された板の姿の両方を見比べていただきたい。

清和　研二

もくじ

コラム

水辺に生きる

【カツラ】桂

樹　朝霧に浮かぶ赤い花

カツラにはオスの樹とメスの樹がある。雌雄異株だ。雄花も雌花もいずれも花弁はないが、とても繊細な花を咲かせる。メスは花芽《はなめ》を開くと三、四本の細い雌しべを直接出してくる。毛糸の切れ端のように見える。オスもまた、十数本の細い雄しべだけが花芽から顔をのぞかせる。雌花も雄花も目の覚めるような濃い、そして上品な紅色だ。一度見たら忘れることができないような色合いである。大量に咲いた春には、樹全体が紅色に柔らかく包まれている。特に深山の朝霧の中で見ると一際きれいに見える。

花が咲かない年でも、カツラの樹は春一瞬だけ赤く染まる。開き始めの葉が赤いのである。しだいに葉が大きく開き、ハート型の形を見せ始めると緑色になる。夏が過ぎ、秋の終わりには黄色に染まる。甘い芳香を漂わせながら落葉する。四季の移ろいが豊かに感じられる樹である。

寿命が長い樹でもある。絶えず幹の周囲から萌芽し、真ん中の幹が枯れても生き延びる。そして、しばしば巨木になる。東京大学の北海道演習林（富良野）で調査をしていたら直径二メートル近い多幹のカツラに出くわした。数百年は生きてきたであろう。古木らしい威厳を湛《たた》え存在感に満ちていた。

秋に黄色くなった葉は、渓流沿いに敷き詰められ、辺りには甘い香りが漂う。

春はカツラの花を見に、秋には香りを楽しみに奥地の渓流までてくてく歩いていくのもいいだろう。

カツラは北海道から九州まで分布する高木で、中国にも遺存的に分布する。同じカツラ属には樹高 10 メートル程度の亜高山帯にしか分布しないヒロハカツラがある。

材

甘くやわらかな雰囲気

茶色の木で、たいへんおとなしく、狂わないし、カンナで仕上げやすい木です。クリの実のように甘くやわらかな雰囲気をもっています。

伊那地方では「張板《はりいた》」や和裁の「裁《た》ち板」に使われます。彫刻しやすく、大きな木もあるので仏像にも使われているようです。

狂わないし、においもない、ということで引き出しの内箱に多く使っています。

カツラの新芽は赤く、ハート型で本当にきれいです。

【使用例】 板戸、キッチン、テーブル、椅子、箱物、まな板。

カツラは雌雄異株だ。オスの樹には雄花（右）が、メスの樹には雌花（左）が咲く。いずれも細いひものようだが、春の開花時には樹全体が赤く輝いてみえる。

【サワグルミ】沢胡桃

樹 水に散布される種子

山地の渓流沿いに見られる。背が高くとてもスラリとした印象を受ける。まっすぐに伸びた幹から水平に枝が張り出し、数年に一度は、たくさんの果実がぶら下がる。二〇センチほどのひも状の果軸に果実がたくさんついている。平たい翼がついているので、風に乗ってどこか明るい場所に飛んでいくのだろう。そう思って調べてみると、なかなか明るい場所に辿り着けず、暗い森の中で死んでしまう芽生えが多い。

しかし驚いたことに、川面に落下した種子は生き延びるものが多い。サワグルミの果実は中がコルク状で水に何週間も浮く。その間下流にドンブラコ、ドンブラコと流されていく。そして雪の中に埋もれ冬を越す。さらに、

たくさんの果実が長いひもにぶら下がっているように見える。果実は秋に風が吹くとひもから離れて飛んでいく。川沿いに張り出しているので川面に落ちるものが多い。雪解け水で土手の上に打ち上げられ、そこで発芽する。すぐに熊手のようなコチレドン（子葉）を大きく開く。

サワグルミはクルミ科サワグルミ属で日本には一種だけの固有種である。北海道南部から九州北部の冷温帯林で見られる。

雪解けの洪水で河川の土手（段丘）の上に打ち上げられ、そこで発芽する。

森の中に明るいところは少ない。大木が倒れたギャップ（森の隙間）には光が差し込むが、サワグルミが大きくなれるような大きなギャップは滅多にできない。ただ川沿いの土手はいつも明るい。日本の山地には渓流が縦横無尽に張り巡らされている。数少ない明るい場所に辿り着いたサワグルミは、水分も光も豊富な場所でどんどん大きくなるのである。

サワグルミの親は果実（子ども）が水に浮くように工夫を凝らし、子どもが大きくなれる場所に辿り着けるようにしている。サワグルミの稚樹が伸びているのを見ると、上流で喜んでいる親木の姿が目に浮かんでくる。

材　軽くて白い

白くて軽い木です。キリの代用としてよく使います。やわらかいので、カンナの刃を最高に切れる状態にしないと仕上がらない。丸太の状態で梅雨を越すとふけてしまいます（腐るに近い状態）。この木はある程度量があります。

東北のチップ工場に直径九〇センチ超のサワグルミが出ていました。芯まで真っ白でした。伊那の木材市場にもときどき出ますが、直径四〇センチくらいのものでも芯が茶色で大きいものが多いです。どうして育ち方に違いがあるのかよくわかりません。マッチの軸に使われます。

【使用例】 引き出しの側板、ドアの鏡板。

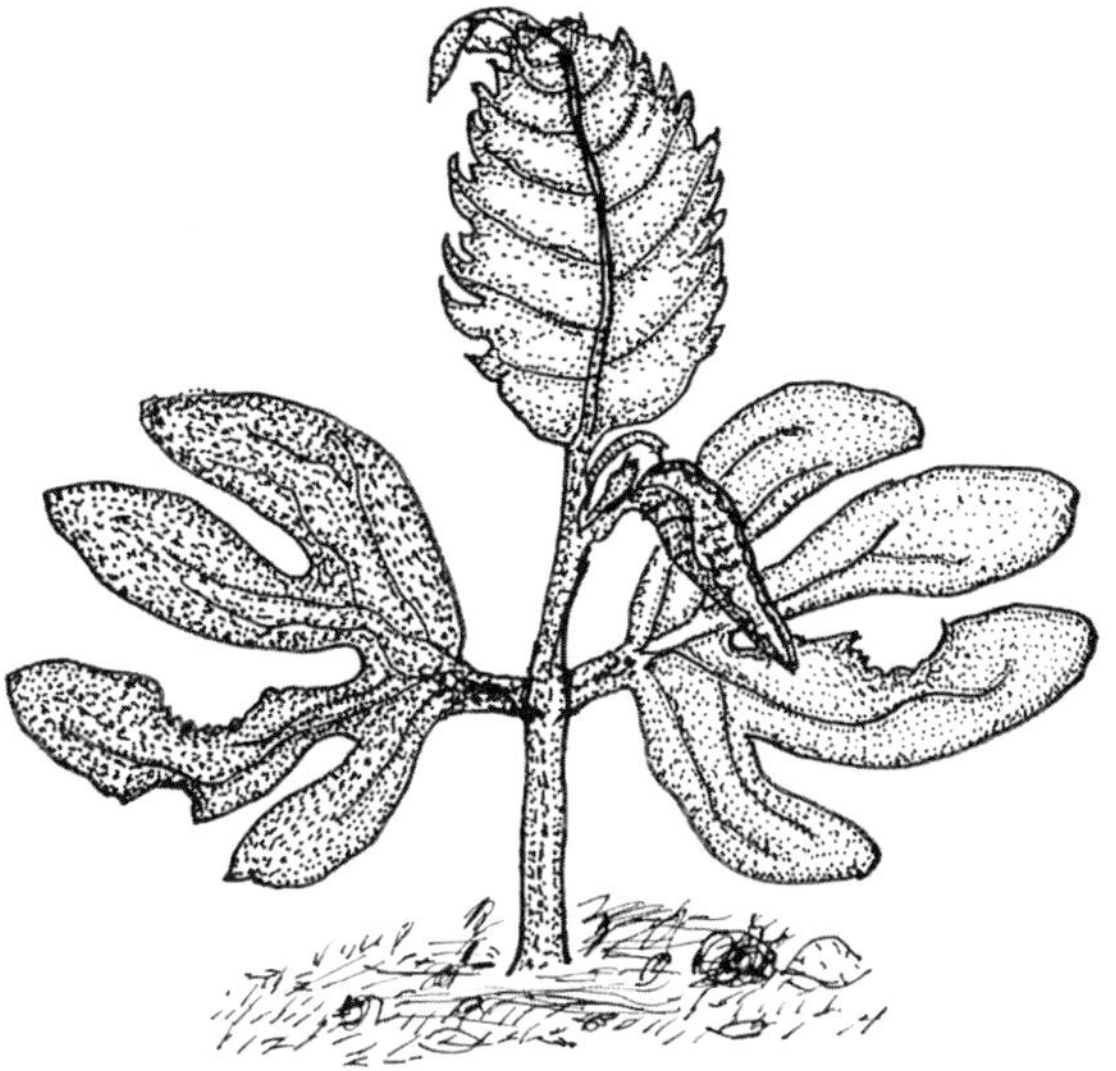

【ニレ】楡、ハルニレ

樹

おおらかな樹形

川は水辺の樹木を生み育てるお母さんである。奥山に源を発し、渓流となり山中を勢いよく下る。平坦な扇状地を雄大にくねり、時に氾濫しながら海に流れる。気ままな水の流れが作り上げるせいか、水辺林にはどことなくおおらかさが漂う。それを象徴する樹がハルニレである。

大洪水などによってできた一段高い氾濫原にハルニレの一斉林が見られる。半球形の樹冠を平原の大空に伸び伸びと広げたその姿は、北欧やアイヌの神話では天上の神々が見とれた美女とされている。

ところが、自然の河川は文明の発達とともに急激に減少した。肥沃な扇状地は開拓者がいち早く農地にし、しだいに町が作られ多くの人が住むようになった。ダムが作られコンクリートで護岸が作られ、ハルニレは幻の樹

雪解け直後、灰色の裸枝に赤紫の小さな花をたくさんつける（上）。たくさん咲くと大きなハルニレが少しばかり薄紫に見える。北国の寒さが和らぎ始めたことを告げる花である。葉は触るとザラザラする（右）。

北海道から九州まで見られるが北方ほど多い。中国東北部から朝鮮半島、千島列島、サハリン、ロシア沿海地方から東シベリアにかけて分布する。中国の内モンゴル自治区から来た留学生は平べったいハルニレの果実を食べたことがあると言っていた。

になっていった。人間の生活のためということならば、仕方がないことなのかもしれない。しかし、上流に大きなダムがあり洪水の心配がない東北の山村でも、牛しかいない北海道の牧草地でも水辺林は伐られ、川辺はコンクリートで固められた。人間に危害が及ばないのに単なる水路にしてしまうのはなぜなのだろう。一度、河川管理の事務所に行って聞いたら、長期計画なので私ではどうしようもない、と言っていた。取り付く島のない返事はコンクリート文明の根がハルニレの根よりかなり浅いことを示していた。

　自然児の象徴のようなハルニレの巨木は、河畔に深く根を張り地球の主役は人間だけではないことを教えてくれる。人生の後半はハルニレの老大木を身近に見ながら過ごしたいと思えるような、おおらかな樹である。

材

荒いが仕上がりは良い

ハルニレ、アキニレ、オヒョウニレなどいろいろありますが、私のところではみんな「ニレ」と呼んでいます。肌は荒いがカンナ仕上がりはいい。「イシゲヤキ」とも呼ばれるくらいですから硬くて狂う木も多いです。木目はケヤキそっくりですが色はグレーです。

　この木はコナラと同じで、三年から四年外で雨風に当てるとおとなしくなります。大木もあります。興福寺の阿修羅像（乾漆造）の顔がなめらかなのは、ニレの皮を粉にして漆に混ぜたからだといわれています（ニレの皮は方解石が含まれている）。

　この木に漆を塗るとすごくいい感じになりますので漆仕上げの家具にも使います。

［使用例］ 和風住宅の下駄箱、和家具、テーブル、椅子、ドア、洗面台、フローリング材など。

column 1　共存の森　混じり合う樹々

こんもりとした手付かずの森に入る。羽黒山系の修験者《しゅげんじゃ》が数百年守り続けた森である。天を衝く樹の大きさに圧倒される。もっと驚くのは隣り合う巨木が互いに違う種類だということである。

クマシデ、ブナ、ミズナラ、いずれも胸高直径が一メートルを超える巨木が立ち並んでいる。不思議な光景である。この組み合わせは里山や若い二次林では決して見ることのできないものである。なぜ、老熟林では樹々は混じり合うようになるのだろう。

その不思議を解く手がかりの一つは森に住む菌類にある。樹は大きく育つと花を咲かせ種子を散布するようになるが、そのほとんどは親木の近くに落ちる。しかし、親木の下に落ちた種子や小さな芽生えは病原菌の格好の餌となりほとんどが死んでしまう。親木に近いほど毎年のように大量の種子が落ちるので病原菌が増殖しやすいからだ。それだけではない。病原菌は親木が大きくなるにつれ毒性を強めていく。親木は五〇年も一〇〇年も同じ遺伝子をもった種子や芽生えを作り続けるが、病原菌は世代交代が早く、種子や芽生えの防御機構をすり抜けるように毒性を発達させるのである。したがって、森の中どこにでもいる病原菌でも親木の下では、その子どもにだけ特に強い毒性を示すように変化していく。つまり、「種特異性」をもつようになるのである。したがって、親木の下ではその子どもたちは死に絶えてしまう。しかし、他のところから運ばれてきた他の樹種の芽生えは病原菌に対する抵抗性があり生き残って少しずつ大きく育っていく。結果的に大きな親木の近くではその子どもは大きくなれず、他の種の子ども（稚樹）に置き換わっていくのである。このようにして、森は時間が経つにつれて多くの樹種が混じり合うようになる。

だから、数百年も手付かずの森にはいると、違う種類の巨木どうしが隣り合って共存している姿を見ることができるのである。原始の森を見たことのない多くの現代人はこのことを知らない。

巨木が立ち並ぶ修験者の森

胸高直径１メートルものクマシデ、ブナ、ミズナラの巨木が立ち並んでいる。木の太さもさることながら、この３種の巨木が互いに並んで立つ姿は珍しい。人手が入っていないことを示している。

【ケヤキ】欅

樹

枝ごと飛んでいくタネ

孤立木の樹冠はハルニレに似ている。若いときは箒《ほうき》のように見えるが大きくなると球形になる。太い枝から細い枝への繊細な枝分かれが幾何学的で美しい。農家の広い裏庭や公園、道路沿いにも植えられている。しかし、森での生活はあまり知られていない。

ケヤキの種子は風に乗って飛んでいく。それも枝と一緒に飛んでいく。河畔沿いにたくさん種子を飛ばし、空き地を探している。河畔沿いの切り立った斜面は時に土石が崩落し、空き地ができることが多い。そんな場所にうまい具合に辿り着いたケヤキの種子は発芽直後に強い根を張る。急傾斜の土砂の移動に抗って生き延び、そしてケヤキの一斉林を作るのである。

風に乗って飛んでいく種子ばかりではない。早めに枝から離れて親木の近くに落ちる種子も多い。これらも発

当年生枝（シュート）が伸び、葉を展開すると同時に葉腋《ようえき》に花を咲かせる（左）。シュートの基部には雄花が、先端には雌花がそれぞれ数個咲く。

果実は成熟過程で親木の下にポロポロと落ちるものが多いが、枝に残って大きくなったものは小枝の葉を浮力にして、小枝とともに遠くに飛んでいく（上）。

落ち葉の隙間から顔を出した芽生え（右）。

本州、四国、九州、台湾、朝鮮半島、中国に分布。

芽能力に遜色のない健全な種子が多く含まれる。親木の近くに落ちた種子から発芽した芽生えも長い間生き延びる。ケヤキは種子を遠くに飛ばすだけでなく親木の下にもたくさん落とすことによって、危険を分散し、子孫を絶やさないようにしているのだろう。

材

力強いので大きく使う

褐色の木目が力強く美しい木です。カンナでよく仕上がるものと仕上げるのが難しいものとがあります。どんな木でもそうですが、同じ樹種でも木によってまったく性質が違います。ですから大きくても小さくてもまったく狂わないケヤキもあります。おとなしそうで狂わないと思った木が狂ったり、この木はとっても狂うので使いものにならないだろうと思った木がまったく狂わなかったり、わからないことばかりです。

この木は木目が力強いので大きく使うと映えます。お寺の柱や板戸、床板によく見られます。和風住宅では大黒柱などに使います。昔に比べるとこの頃はあまり使われなくなりました。

［使用例］テーブル、タンス、帯戸、格子戸、フローリング材、キッチンなど。

【カシワ】柏

樹 冬の音

カシワは潮風の吹きすさぶ海岸沿いに純林をつくる。内陸の作物を塩害から守る大事な防潮林になる。背丈は低いが頑健だ。若木は冬になっても葉を落とさない。葉が落ちた痕から導管を通じて枝に塩分が入り込まないようにするためだ。

冬の北風を防ぐために裏庭に植えたら、少しの風でも葉が擦れてカサカサと音がする。静かな夜には動物かと思い、ハッとする。それでも色が抜け落ちた薄茶色の葉に覆われた姿は、冬の寒さをずいぶんとやわらげてくれる。

北海道十勝の芽室公園には巨木が多く残されている。巨人が太い腕を振り上げているように見え愛嬌がある。

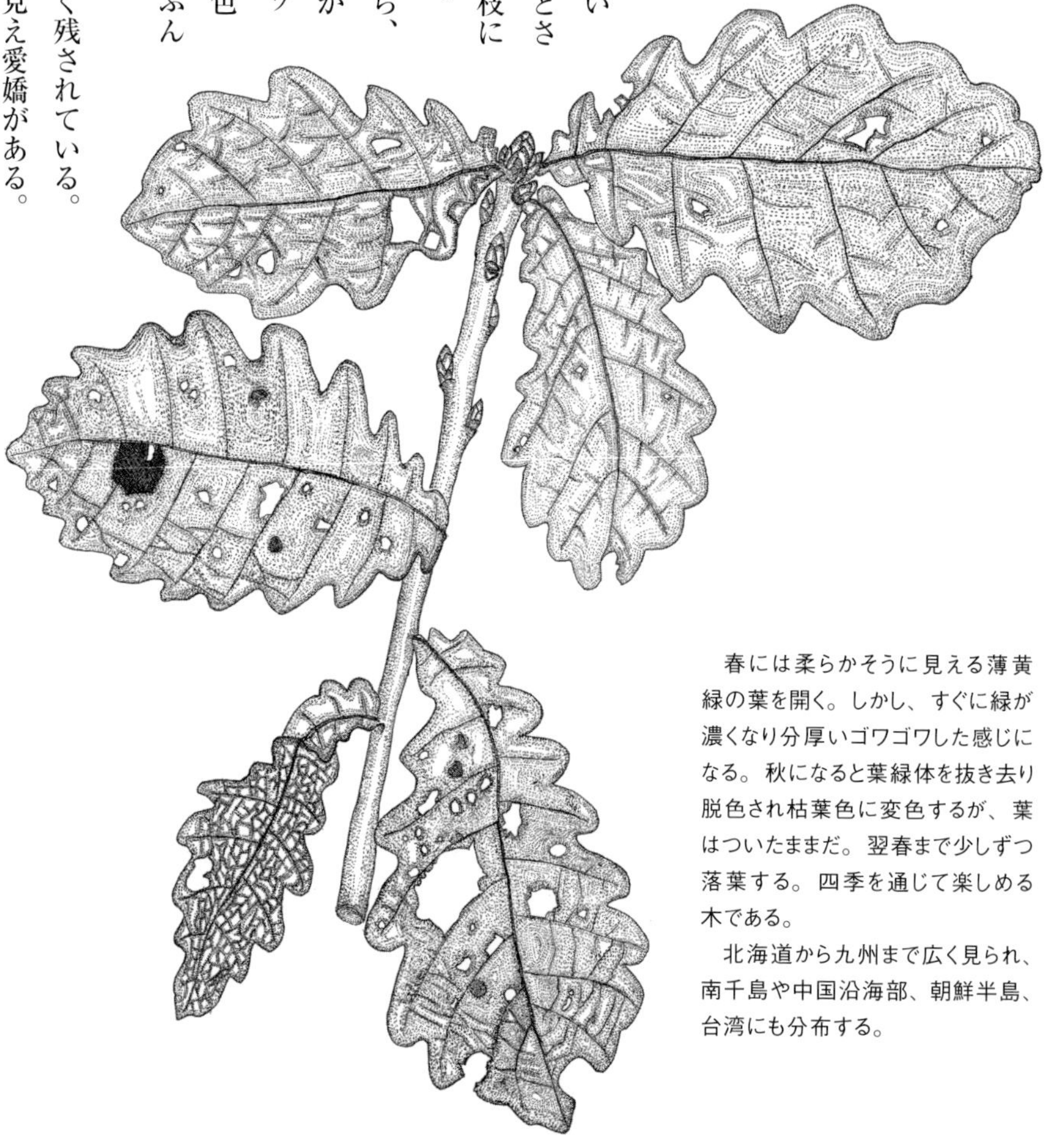

春には柔らかそうに見える薄黄緑の葉を開く。しかし、すぐに緑が濃くなり分厚いゴワゴワした感じになる。秋になると葉緑体を抜き去り脱色され枯葉色に変色するが、葉はついたままだ。翌春まで少しずつ落葉する。四季を通じて楽しめる木である。

北海道から九州まで広く見られ、南千島や中国沿海部、朝鮮半島、台湾にも分布する。

今でこそ町のシンボルだが、開拓時代には畑に、戦時中には連隊の薪にされそうになった。その都度、気骨のある住民が守ったという。伐るのは一瞬だが、残せば原始の息吹が感じられる。巨木は後世への最大の遺産である。

十勝の森林組合に薪を注文したら山のようにカシワを積んできた。子ども用の自動車を作ったらとても重くなった。引っ張るのは無理かと思ったら、力が要るので、それがおもしろいらしく大喜びしていた。車輪はアサダの輪切りだ。当時、電動工具がなかったので丸太から何日もかかって削り出したが、材の硬さを思い知った。

材　コナラによく似る

色も性質もコナラによく似ています。材としてあまり出てきませんので、使う機会はほとんどありません。葉っぱは柏餅に使います。明治時代の『大日本有用樹木効用編』には直径七〇センチくらいになるとあります。今まで直径二〇センチくらいのを見ただけで大きなものには出会っていませんでしたが、この春、個人のお宅の庭に植えてあるのを譲っていただきました。直径五〇センチ、長さ三メートルというものでした。これから製材して使えるのが三年後ですが、何に使おうか考え中です。

明治の本には、材、皮、実、葉など生活の中でよく使われていることが書かれています。材は薪炭、枕木、酒樽などに使われ、樹皮はタンニンを特に多く含んでいるので魚網を染めて、それにより糸を強く腐りにくくする効果がありました。葉は柏餅の他、竹皮が少ない地域では食物を包むのにも利用されました。実はアクを抜いて粉にしてでんぷんにしたり、炒ってコーヒーの代用にも使われました。ただ、今はほとんど使われていないようです。

【使用例】引き出しの前板。

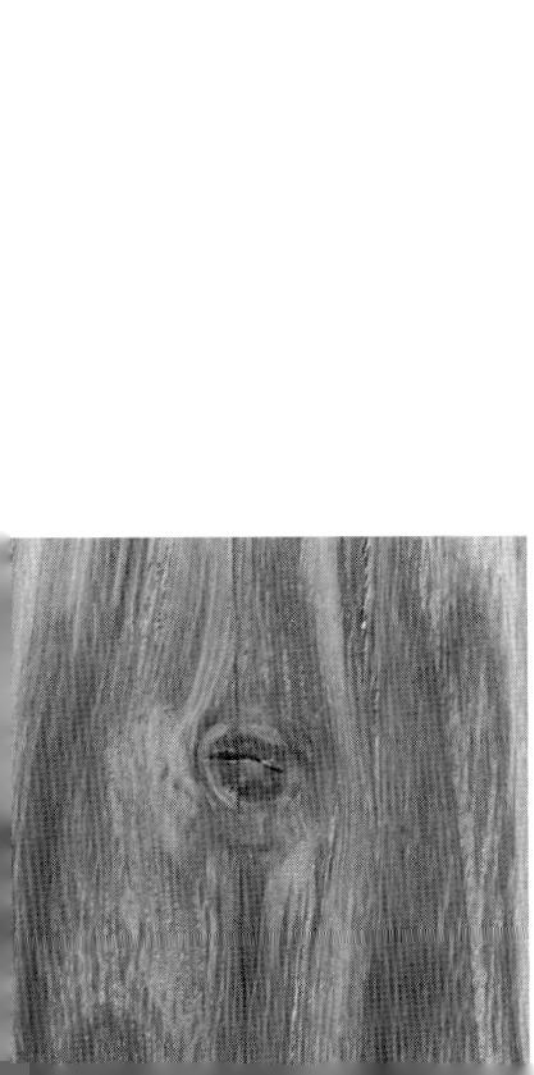

水辺に生きる
【ハンノキ】榛の木

樹 田舎の風景

ハンノキは湿った川沿いに多い。だからヤチ（谷地）ハンノキとも呼ばれる。河川の氾濫などで木々がなぎ倒され、泥が溜まったようなところで大量に発芽する。そして一斉に大きくなりハンノキ林を作る。

川に種子トラップを置き、上流からどれくらいの量の樹木のタネが水流とともに流されてくるのかを調べた。方形の受け口を上流に向け、網の中にタネが入るようにしたものである。それを小さな河川に固定した。

ときどき中身を調べてみると驚いたことに、ハルニレやハンノキ、そしてコマユミなどそれぞれ風散布、鳥散布と思われている樹種のタネが大量に流されてくる。水辺林の樹々は、うまく水の流れを使って種子分散しているものがことのほか多いようだ。ハンノキの種子は風にも運ばれるが水にも浮く。サワグルミのように、水に流

ハンノキの枝先はにぎやかである。いろいろなものがゴチャゴチャについている。

春の枝先をのぞくと昨年伸びた枝の先から、今年の当年生枝（シュート）が伸びて葉を次々と展開している（右）。一番上には雌花がたくさん集まった雌花序がついている。受精し一個一個の種子がすでに膨らみ始めている。少し前までは雄花が長く垂れ下がり花粉を飛ばしていた。

小さな松ぼっくりのようなものは前年秋に成熟した果実で、すでにタネを飛ばし終えている（左）。

ハンノキは日本全土、台湾、南千島、サハリン南部、朝鮮半島からウスリーにかけての極東の温帯域が分布の中心である。

されて下流に移動し、効果的に発芽適地に運ばれる仕組みも隠されているかもしれない。

ハンノキの成長は早い。若くして花を咲かせ種子を飛ばす。繁殖器官への投資量が多く、花や球果が目立つ木である。特に冬枯れのときには種子を飛ばした後の球果がたくさん枝に残り、独特の風情を醸し出している。

家の近くの段々になった田んぼを流れる小川沿いには、キブシなどに混じり一本だけハンノキが立っている。河畔に木が残る農村風景はとても懐かしい。

材

「へー、ハンノキも使えるんだ」

黄色みがかった褐色の木でやわらかく、カンナ仕上がりもいいです。時間をかけてよく乾燥させないとねじれます。生木を切り倒したとき木口が赤っぽいオレンジ色になります。

チップ工場に運ばれてくる木の中でも量の多い木で、トラックに積んだ状態で木口を見ればすぐにハンノキとわかります。ふけやすい木ですので切ったらすぐ製材して桟積みするといいと思います。北海道の林業関係者にハンノキ使ってますとお話ししたら「へー、ハンノキも使えるんだ」と驚いていました。山形県の製材屋さんはパレット材としてたくさん使ったそうです。

[使用例] 私のところでは引き出しの側板によく使います。黄色の色味を生かしてドアの鏡板など。他にはキッチン、食器棚、整理ダンス、チェストなど。

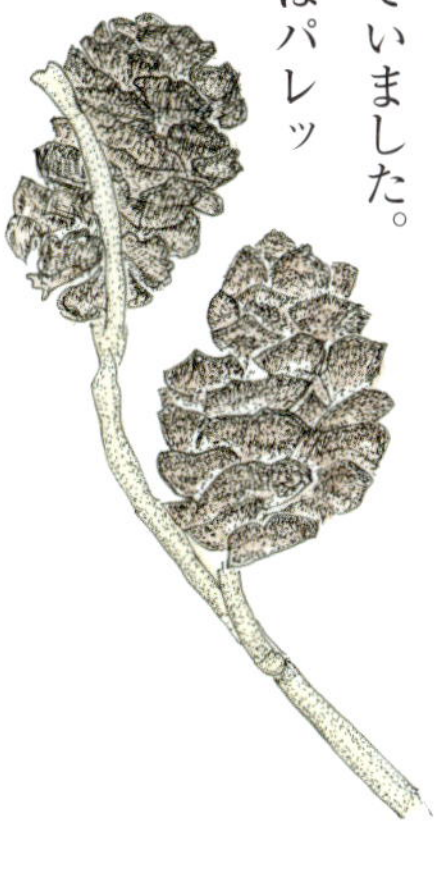

column 2　老熟林の風景　数の多い木と少ない木

老熟した森に入り、一本一本しらみ潰しに調べるとじつに多くの種類の樹が見られる。こんな樹もいるんだ、と思うことがしばしばである。宮城県北部の一桧山《いっぴつやま》保護林に六ヘクタールの試験地を設定したところ、胸高直径が五センチを超える木が全部で五〇五六本、六〇種もあった。しかし、一見すると、太くて本数の多い樹が目立つ。とりわけミズナラが九三七本、ついでブナが四四二本、クリが三二七本、トチノキも一八三本もあり、これら四種で本数では試験地全体の三七%、胸高断面積合計（地上一・三メートルの高さの幹の断面積を合計したもの。林分材積推定の指標になる）では七二%も占めている。

　この四種は一メートルを超える太い木を何本も含む小さな集団をあちこちにつくっている。肥沃な谷筋には太いトチノキが立ち並び、山腹にはブナの小集団が見られ、それらと混じるようにミズナラの巨木が威容を誇っている。尾根にはクリが多い。巨木が目立つせいか、この森はミズナラ、ブナ、クリ、トチノキの森のように見える。

　しかし、他の五六種は胸高断面積合計では全本の二八%しかないが、本数では負けていない。全体の六三%もある。これら五六種は、ミズナラ、ブナのようにまとまった集団は作らず、あちこちにパラパラと分散している。ホオノキやミズキ、サクラ、ハリギリなどの成木はお互い遠く離れて分布している。一本見つけたら十数メートルから数十メートルも歩かないと次の木を見かけることができない。多分、こういった樹木は親木の下の病原菌が強く親木の下では子どもたちは生き残れず、しだいに成木同士が離れて分布するようになったためだろう。このように、老熟した森林では太くて数の多い、そして幾分集団を作る数種の木と、数の少ない離散的に分布する大多数の樹種からできあがっている。

　このような老熟林は、北日本や東日本では戦後しばらくの間、広大に残っていた。しかし、ほぼすべてが伐採された。その際、やはり大量に伐採できるミズナラやクリ、トチ、ブナなどは大いに利用された。個体数が少なくてもサクラやアオダモ、ハリギリ、ミズメなどはある程度太くて通直なものであれば売れたであろう。また、銘木として珍重される樹種、たとえばイチイ、イヌエンジュなどは細くても売れたと思

一桧山の山腹
太いブナの奥にはミズナラの巨木の一団が見える。その上の尾根筋にははるか向こうにクリの巨木が見える。
斜面に鎮座する巨木たちの間にはさまざまな種類の木々が多数混じっている。

われる。

しかし、太くもなく、数も少ないほとんどの樹種は互いに離れて分布しているので、かき集めるのも大変だし、ある程度広い面積を皆伐しても得られる数量は少ない。高く売れる銘木でもない限り、パルプチップや燃料材として売られていっただろう。戦後の大量伐採時代は、巨木を失ったことに加え、「少数分散型の木を取り立てて利用しない」といった安易な歴史を作ってしまったような気がする。残念なことである。

森は成熟するにつれさまざまな種類の木々が混じってくる。それが自然の摂理である。優占種だけでなく、細い多くの木々もすべて、その特性を生かした利用が必要である。

【オニグルミ】鬼胡桃

樹

青空を衝く赤い花

オニグルミは春の遅霜に弱い。そのせいだろう。開葉が他の木より遅い。だから、春先は裸木のワイルドな枝ぶりがよく目立つ。縦にも横にも同じように太い枝を伸び伸びと広げている。河畔や道路脇など開けたところで発芽し、気ままに大きくなるからだろう。

やっと葉を開き始めた頃に、枝先を見ると何やら赤いものが見える。開き始めた葉に隠れて見えづらいが、赤い雌花をたくさんつけた長さ一〇センチほどの花序が見える。一方、隣の木を見ると枝の中ほどから何か長いものがぶら下がっている。雄花が花粉を飛ばしているのである。この時点ではオニグルミにはオスの木とメスの木があると思ってしまう。だが、これからがおもしろい。最初に雌花を咲かせた木は、

雌花は小さい。それに広い葉の上に咲くので下からは見にくい。しかし、いったん、見てしまうとその鮮やかな紅色が脳裏に焼きついて離れない。

北海道から九州まで自生する。樺太にも分布すると記載されているが、霜に弱いのに大丈夫なのだろうか。

しばらくすると今度は雄花が咲く。逆に、最初に雄花を咲かせた木は、次には雌花だ。つまり、自家受粉を避けるだけでなく、前後二度の他家受粉により交配のチャンスを増やしているのである。うまくできているものだ。

材 重厚なドア

落ち着いた茶色です。粘りがあって、狂わないし、加工もしやすく、カンナ仕上がりもいいので何にでも使えます。ヒメグルミもまとめてオニグルミと呼んでいます。材はまったく同じです。ヨーロッパやアメリカで家具材としてよく使われる、ウォルナットと同じ仲間です。この木でドアやキッチンを作ると重厚な感じになります。鉄分を含んだ水がたれたり、ブリキの缶を置いたりすると黒く変色します。木に含まれているタンニンと鉄が反応するためです。変色しても、木の強さにはまったく関係ありません。

川のそばなどに意外とたくさん生えていますので、かなりの量を確保できます。しかし長さ二・五メートルを超えるものは少ないです。と

［使用例］ ドア、テーブル、座卓、椅子、洋服ダンス、こたつやぐら、フローリング材など。

いうのは、二メートルあたりから枝を張って実をならせるからです。伊那地方では昔からこの木で「おくらぶち」（囲炉裏縁）や「こたつやぐら」を作ってきました。有名なところでは銃床に使います。好きな木の一つです。

　この実はたいへんおいしく、クルミモチ、ケーキ、蕎麦・うどんのたれなどに使われます。落ちた後、リスに運ばれる前に拾い集めます。クルミの実は硬い殻を割って取り出します。その方法は焙烙《ほうろく》などで炒って殻を割って、少し口が開いたところに刃物を入れて二つに割り、中の実を取り出します。オニグルミよりヒメグルミのほうがずっと取り出しやすいです。実を取ったあとの殻は「ゴーッ」と音をたててよく燃えるので、ストーブの薪として楽しみます。

　枝がまっすぐ伸びるので、子どもの頃は、手頃な大きさのところで切って、刀を作り、チャンバラごっこで遊びました。

オニグルミの座卓。

column 3 十把一絡げの雑木　燃料か紙か

普段、近くで見ている里山の広葉樹林はコナラやクヌギなどが優占する二次林である。化石燃料の使用とともに炭焼きや薪の採取が行われなくなり放置された林だ。

たとえ奥地に入っても、原生林は残っていない。太い木や高価な木が抜き伐りされたり皆伐されたりした後放置された、これも二次林である。萌芽しやすいブナやミズナラが優占したり、時に、攪乱地にいち早く侵入するカンバ類やハンノキ類などが優占する単調な林が多い。さまざまな樹種が混じってはいるが、かつての老熟林に比べ、木々は細くなり中身も単調になったことは間違いないだろう。

しかし、しばらく伐っていないせいか木々は総じて太くなってきている。これを狙っているのが紙パルプやバイオエネルギー（木質燃料）業界である。最近では発電用燃料としても目を付けられている。彼らは、森を外から見て、中身（樹種の個性）を見ない。マス（現存量）の多寡としてしか森を判断しないのである。

したがって、樹種を仕分けすることもなく、一山ナンボで売買される。個々の樹木の個性を認めることなく、「十把一絡げ」に運ばれていく。これで良いはずがない。

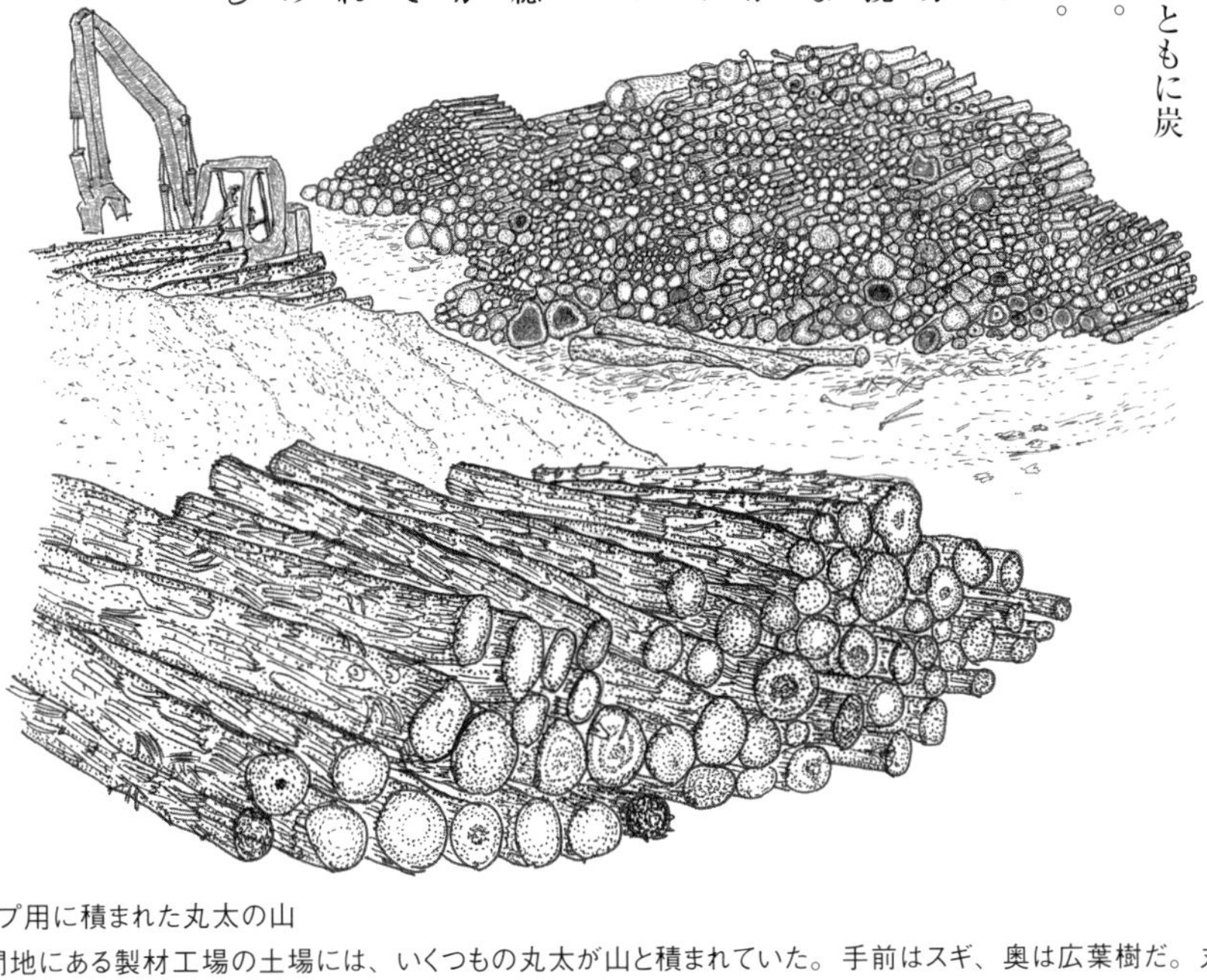

チップ用に積まれた丸太の山

山間地にある製材工場の土場には、いくつもの丸太が山と積まれていた。手前はスギ、奥は広葉樹だ。丸太の山には直径 40 センチほどのサクラやミズメなどが混じっていた。有賀さんは、十把一絡げに売られるところだったこのような丸太の山を買って板に挽き、樹種ごとに分けて使っている。もともとは宝の山なのだ。しかし、それに気づかない山林所有者がほとんどである。樹種ごとに仕分けして、それぞれの価値を引き出すような売り方ができないでいる。もったいないことである。

【エノキ】榎

樹　飛び立つオオムラサキ

大きいものは樹高三〇メートル、直径八〇センチにもなるという。国蝶、オオムラサキが夏にエノキの葉に卵を産みつけ、ふ化した幼虫が葉を食べる。

蝶マニアは探し歩いているらしい。オオムラサキの幼虫は、冬になると地面に下りて落ち葉の下で越冬し、またエノキに登って、葉を食べ、脱皮を繰り返す。そして羽化していく。光沢のある青紫色の翅《はね》が初夏の森を青空に向かって羽ばたいていく。

材　おおらかな木目

淡い黄緑色が美しい材です。切り倒してすぐに製材し

葉は分厚く、冷温帯の東北では一見常緑樹を思わせる。一つの枝に色合いの違う丸い果実をたくさんつけている。薄緑、橙、赤といった成熟度合いの違う色模様が混ざっている。

福島・新潟以南の日本全土、朝鮮半島、中国、東南アジアまで分布する。

ないと、色がくすんだり変色したりします。虫が好む木らしく、乾燥させていざ使おうとすると虫穴だらけということがよくあります。カンナ仕上がりはいいです。伊那地方ではエノミとも呼ばれていて、原木市にもエノミという名で出ています。

思いのほか大きな木が出ます。成長の早い木で、私の家の庭のエノキは五〇年ほど前には直径二五センチくらいでしたが、今では直径九〇センチくらいになって、住宅に覆い被さっています。野鳥がいつも枝にとまってさえずっています。

成長が早いので年輪の幅も大きく、木目もケヤキに似て大きく、おおらかな感じです。粘りのある木で薪に割ろうとしてもなかなか割れません。伊那地方では馬や牛の鞍《くら》に使われました。

[使用例] 美しい黄緑色を生かして使います。テーブル、椅子、キッチン、ドアの鏡板など。

【ヌルデ】白膠木

樹　忘れられた木

ヌルデの種子は暗い森の中では発芽しない。土中で何年も休眠する。木が倒れたり伐られたりして陽の光が差し込んだときに、土壌表面の温度上昇を検知して発芽する。南向きの明るい林道沿いや大きな伐採跡地でよく見られるのはそのためである。カンバ類やハンノキ類のように広大な撹乱地に集団でまとまって更新しているわけではない。一本二本と少数で更新している。鳥散布だからだろう。

あまり目立たない細い木である。高さも一〇メートルにも満たない。ただ、夏には大振りな白い花が咲き、秋には葉が紅に染まる。そこにいたのか、そのときだけ気づく。普段見過ごしていたのが申し訳ないくらいに輝いて見える。

以前はアブラムシが作る虫こぶ（虫癭《ちゅうえい》）でお歯黒の原

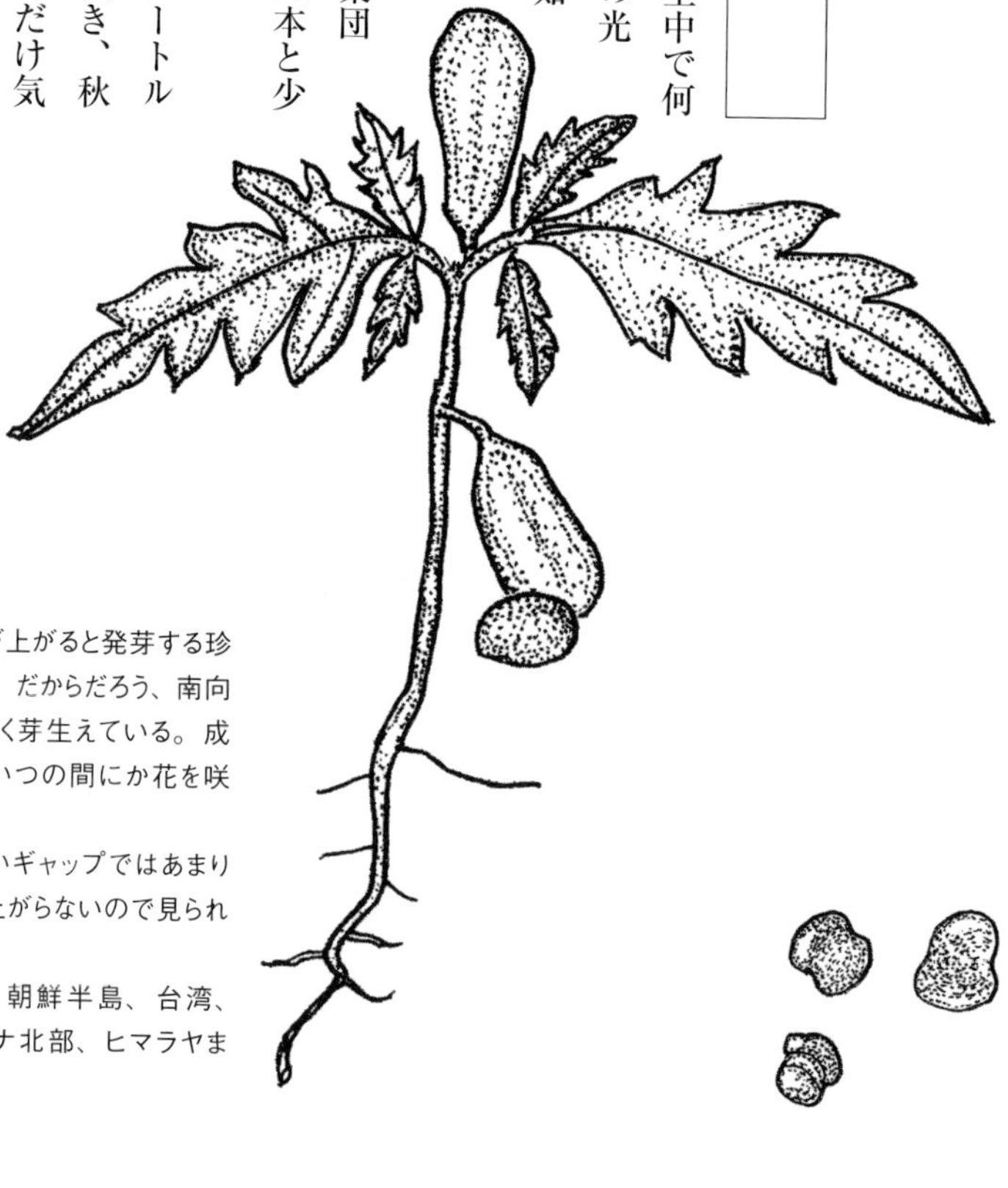

土壌の温度が上がると発芽する珍しい種子をもつ。だからだろう、南向きの傾斜地でよく芽生えている。成長はとても早くいつの間にか花を咲かせている。

森の中の狭いギャップではあまり土壌の温度が上がらないので見られない。

日本全域と、朝鮮半島、台湾、中国、インドシナ北部、ヒマラヤまで見られる。

料が作られていた。「五倍子《ごばいし》」「付子《ふし》」と呼び慣らわされていたが、今では忘れられたような木である。雑木中の雑木で誰も植えたり利用したりする人はいない。伐採されても他の木に混じりチップか燃料材になっているだろう。しかし、細くても曲がっていても、有賀さんはちゃんと材を利用している。ヌルデの風合いを楽しんでいる。

材 難しいカンナ削り

大きな木は見たことがありません。この木はあまり使ったことはありませんが、カンナ削りは難しい感じです。山の斜面や畑の土手によく生えています。実は丸くて扁平で、熟すと細かい塩がふいたようになります。なめると実際に塩味にちょっとすっぱさが加わったような味です。

子どもの頃、学校帰りに競ってなめました。ウルシとよく似ているので間違ってウルシの実をなめないように見極めが肝心です。紅葉は濃い赤で非常にきれいです。

【使用例】 薬ダンスの前板。

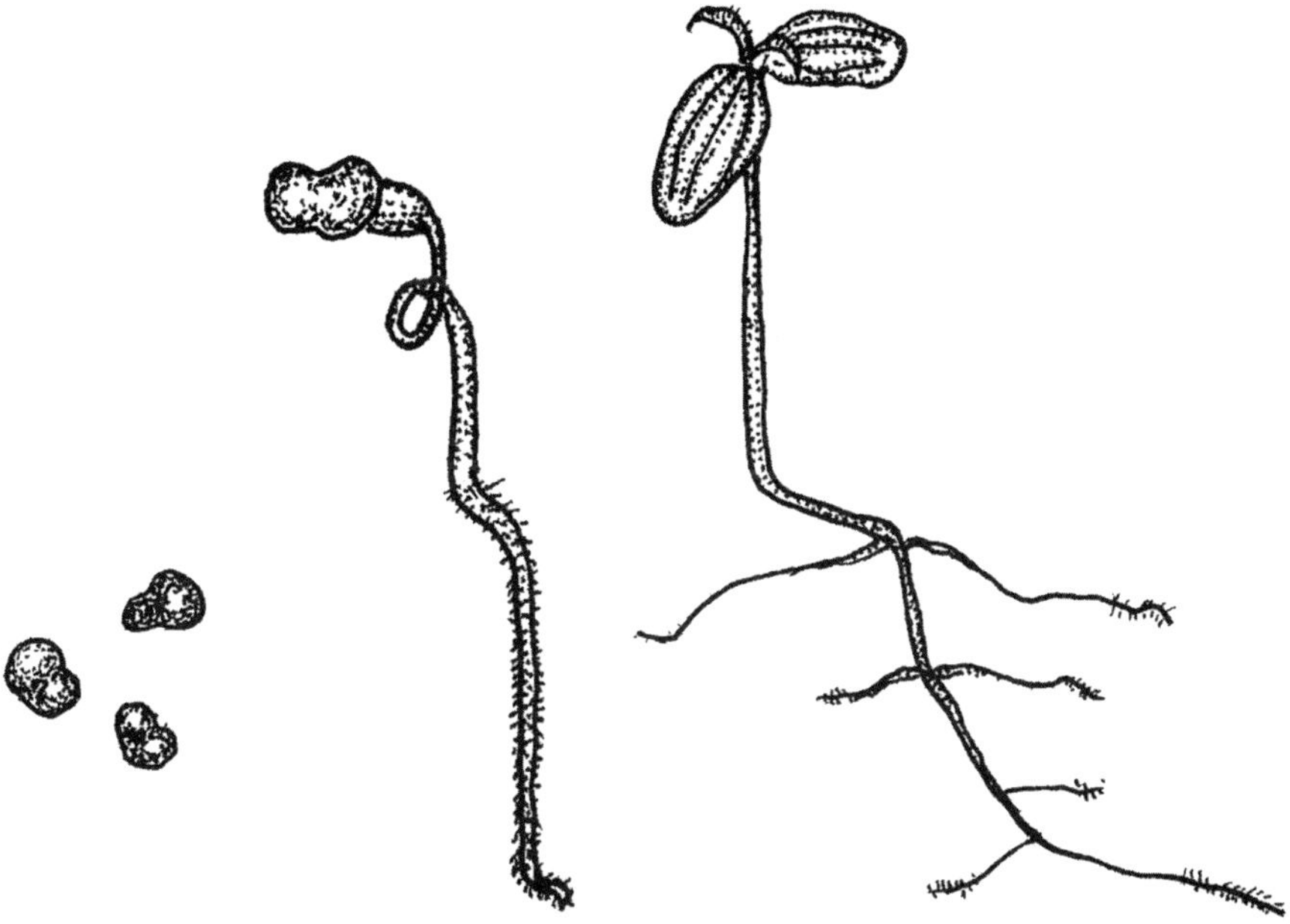

【カバ】樺、カンバ

樹

水色の空と白い幹

北海道の山に登るといつも、森林限界付近にはあまり背の高くないダケカンバの疎林があった。かしいだ幹や曲がった枝に、雪や風に耐えた長年の労苦が表れていた。形はいびつだが、水色の空に浮かぶ樹皮の白さはいつも新鮮で清々しい気持ちにさせてくれた。

その頃、背丈を越える三段重ねのダケカンバのタンスを買った。引き出しの板の厚さが一センチもある。とても重くて引っ越しには難儀した。しかし三〇年過ぎた今、分厚い板は飴色の底光りを見せ始めている。

当時の北海道の製材所の土場には、直径六〇～七〇センチのダケカンバが山積みにされていた。数百年の歴史を重ねたダ

シラカンバの花は地味だ。雄花はぶらぶら下垂している。花粉を風に乗せて飛ばせようとしている。雌花は上を向いて、柱頭に花粉がうまくつくように待ち受けている。まじまじと見ると幾何学的な紋様と色合いだ。敷物などのデザインに使えそうである。

ウダイカンバの芽生えは地上に出たとき、その子葉はとても小さい。タネが小さいからだ。しかし、しだいに子葉は面積を広げながら光合成を続ける。子葉だけで１ヶ月も過ごし、やっと小さい本葉を出す。その後、少しずつ大きな葉を出し続けるが、あまり上には伸びない。葉の枚数が増えた真夏のある日、大きく上に伸び始める。そして秋の初め頃まで伸長を続け、最終的には種子の大きなミズナラなどと同じ高さに到達する。このような成長様式はシラカンバやダケカンバでも同じである。タネの小さな樹種の特性でもある。

日本では、ダケカンバは北海道から近畿、四国の亜高山帯に生え、シラカンバは北海道から本州北東部に分布する。両者とも千島、樺太、朝鮮半島、中国東北部などに広く分布する。ウダイカンバは日本の中部地方以北から北海道、千島列島にかけて生育する。

ケカンバ林が次々と失われていった時代であった。伐採跡にはササが侵入し無立木地になっていった。無残な光景であった。その後、ササの根をブルドーザーで排除し鉱質土壌を裸出させると、どこからともなくタネが飛んできて再びカンバ林になった。しかし、元の太さに戻るにはまた一〇〇年、二〇〇年かかるだろう。

山間の製材所近くの木工所で手に入れたタンスだが、再生しつつあるダケカンバが大木になるまでは使い続けなければ申し訳が立たない。

材

辺材の白に艶がある

いわゆるシラカンバの仲間ですが芯材の少ない木が多く、辺材の白が美しい木です。重くて硬くて狂わない。辺材の白いところは艶があります。カンナの仕上がりもいいです。カバ類は種類が多いのですが、私たちはマカバ（ウダイカンバ）以外はすべてシラカンバもダケカンバも雑カバと呼んでいます。

マカバは赤みがかったきれいな色をしています。グランドピアノに使われています。雑カバの白いところでテーブルを作ったら真っ白なテーブルができました。

［使用例］ キッチン、テーブル、椅子、本棚、ドア、フローリング材など。写真はカバとシウリザクラのチェスト。

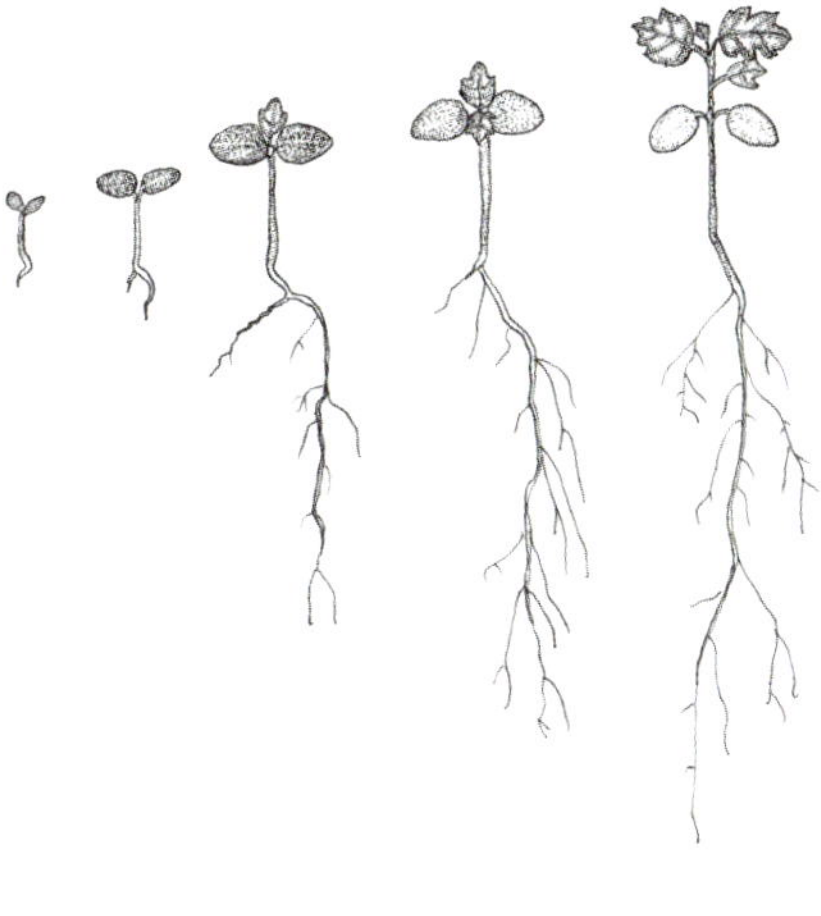

【ネムノキ】合歓木

樹

夕焼け空に火をつけたような

川沿いや道路沿いでよく見かける。家の前の放棄田で密生している。しかし、ブナ林やミズナラ林など冷温帯の広葉樹林では見たことがない。もともと暖温帯系の樹だからなのだろう。

開葉がとても遅く、春は枯れ木のように見える。六月になってようやく葉を開くが、いったん葉を開きだすと猛烈な勢いで葉を茂らせる。広く平べったい樹冠一面に咲いた赤い花は、真夏の青空を濃いピンクに染め上げる。

うだるような暑さが少し納まり、夕日が沈む頃に見る景色は日本離れしている。放棄田に並ぶネムノキの一団は紅色の空を背景に、もっと濃い赤を浮かび上がらせている。夕焼け空にさらに火をつけたような真夏の風景である。

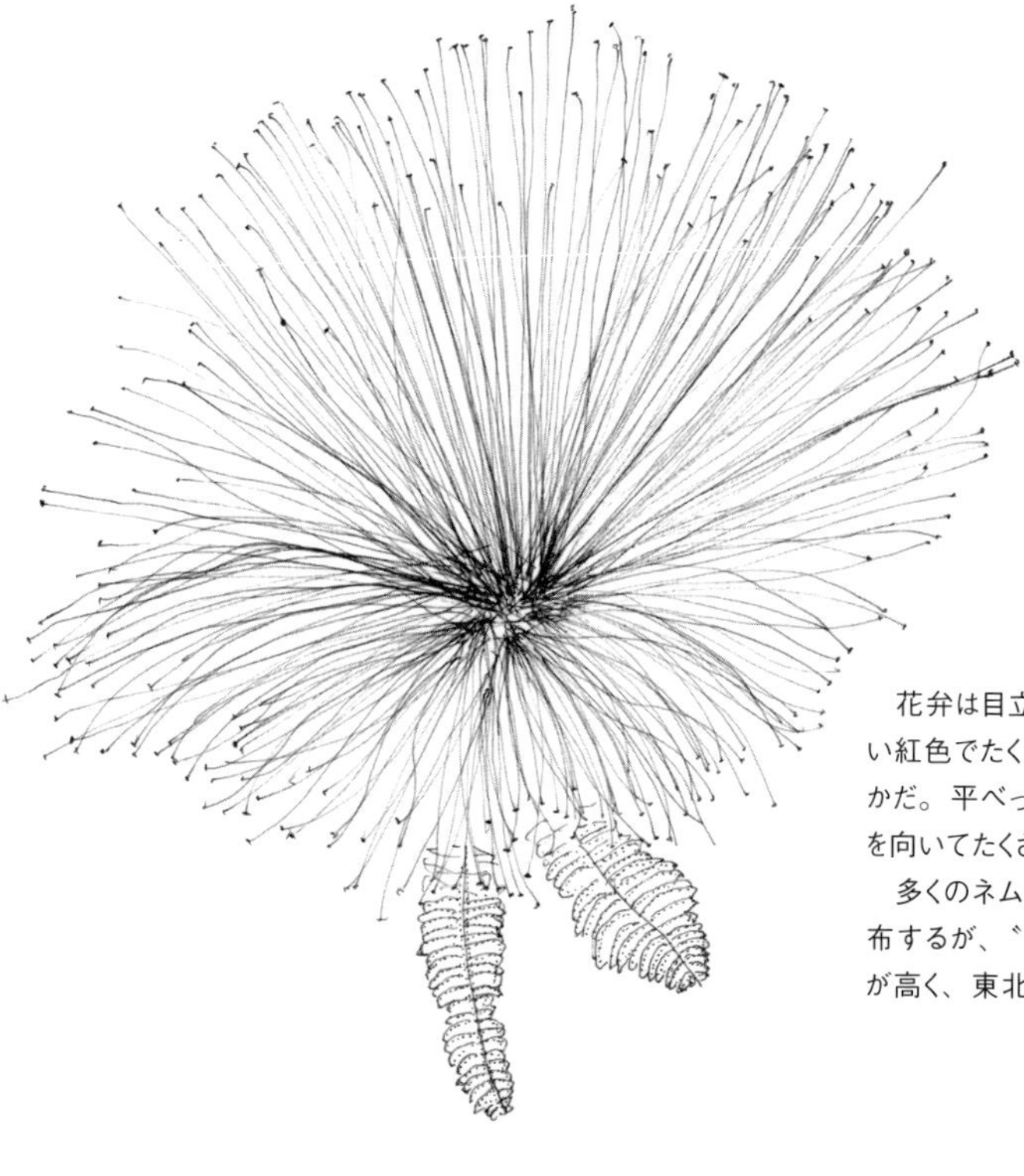

花弁は目立たない。その代わり、淡い紅色でたくさんつく長いおしべが華やかだ。平べったい樹冠のその上で、上を向いてたくさん咲くさまは壮観である。

多くのネムノキ属の樹木は熱帯に分布するが、〝ネムノキ〟だけが耐寒性が高く、東北地方まで見られる。

材

明るく軽快な赤黒さ

花が印象的な木です。街路樹としてもよく見ます。材はエンジュに似ていて赤黒い色ですが、エンジュよりは明るく、軽く感じます。カンナ仕上がりはいいです。花はよく見ますが材としてはほとんど手に入らない木です。知り合いのおじいさんが、「これがネムノキだよ」と薪の山の中から取り出してくれたのを使ったことがあります。

【使用例】 タンスの前板。

冬に見るネムノキの姿は夏とは大違いで、あっけらかんとしている。あの濃密な雰囲気はない。ネムノキはまっすぐ上に伸びようとはしないようだ。空き地に育つせいだろう。太い枝を斜上させ、そこからできるだけ多くの細い枝を出そうとしている。そのため、樹冠はどちらかというと上半分が平らな半球形のように見える。

夏には多くの花が半球形のてっぺんで上を向いて咲く。空が赤く見えるほどの迫力だ。

【アカシデ】赤四手

樹

赤い花火

開きたての葉は明るい赤だ。若木は春から夏までの長い間、当年生枝（シュート）を伸ばしながら先端に赤い葉を出し続ける。夏頃には枝も長くなり重みで下を向いてくる。円弧を描いたような先端の赤い枝が八方に出ている姿は、まるで真昼の花火のようだ。しかし、秋口になり新しい葉を出さなくなると枝も丈夫になり、まっすぐになる。元気のよい木である。

アカシデは、大きな地滑り跡地でケヤマハンノキなどと一緒に飛んできていち早く更新している。道路法面《のりめん》などにも更新している。同じカバノキ科のカンバ類と比べて、そんなに飛距離はなさそうなタネだが、カンバ類の少ない南東北ではパイオニア種として空き地を修復している。

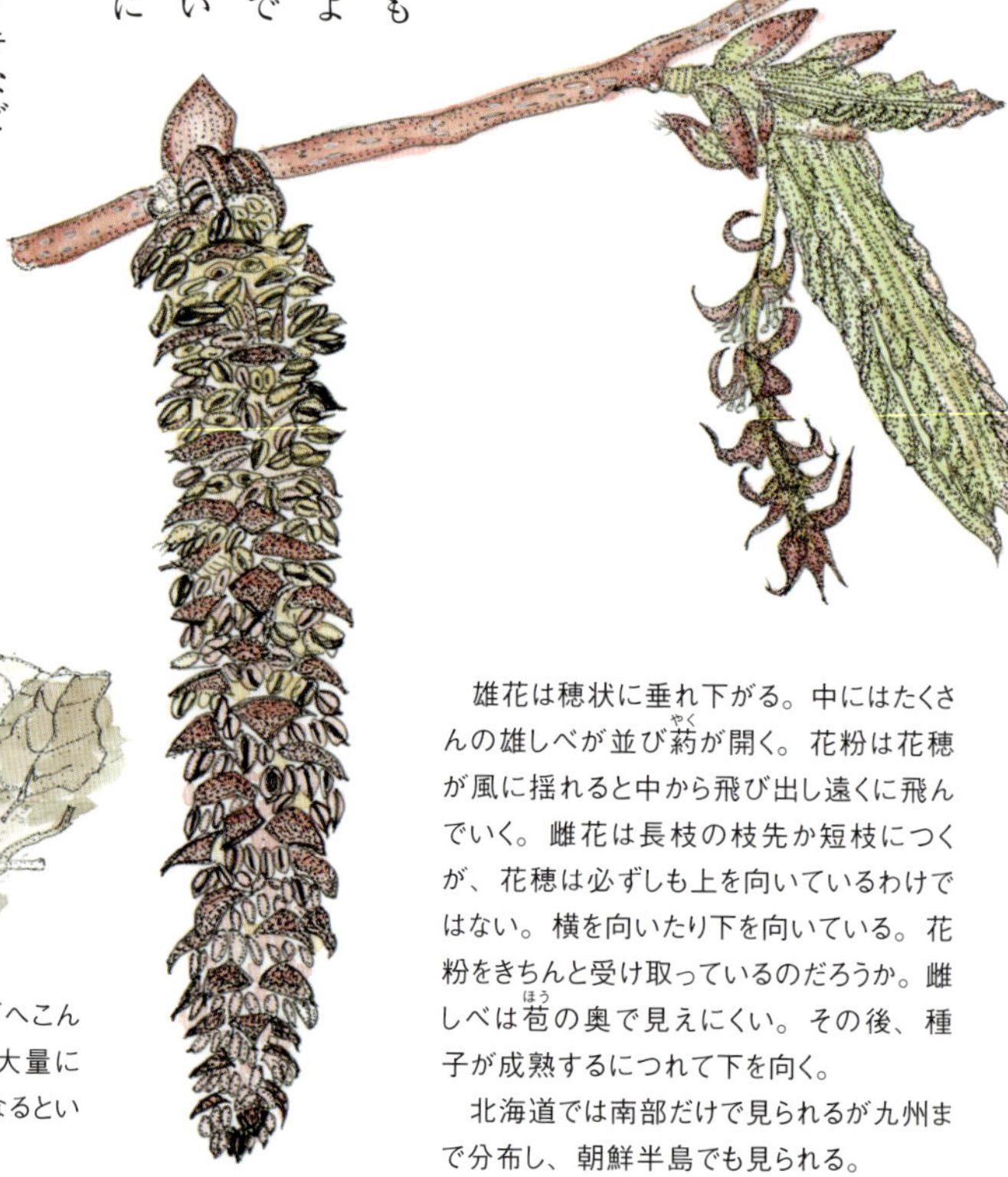

雄花は穂状に垂れ下がる。中にはたくさんの雄しべが並び葯《やく》が開く。花粉は花穂が風に揺れると中から飛び出し遠くに飛んでいく。雌花は長枝の枝先か短枝につくが、花穂は必ずしも上を向いているわけではない。横を向いたり下を向いている。花粉をきちんと受け取っているのだろうか。雌しべは苞《ほう》の奥で見えにくい。その後、種子が成熟するにつれて下を向く。

北海道では南部だけで見られるが九州まで分布し、朝鮮半島でも見られる。

アカシデの芽生えは子葉の基部がへこんでいる。スギ人工林を間伐したあと大量に発芽してきたが、林冠が閉鎖し暗くなるといつの間にか消えてしまった。

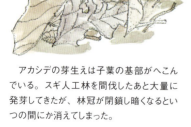

東北大学フィールドセンターでは木材生産だけでなく牧畜との両立を目指し、アカマツ林を「混牧林」にした。しかし、長く放置したらアカシデがたくさん侵入してきた。今ではアカマツと背を並べるまでに成長している。草をたくさん生やすためにアカマツをかなり強く抜き切りしたので、周囲からアカシデのタネが大量に飛んできて発芽したのだろう。その後、牛の背丈を一気に越して成長したのだ。山を歩いているとガサガサ音がして藪《やぶ》から急に牛が顔を出すことがある。クマかっ、と驚くこともしばしばである。今では廃れてしまったが「混牧林」は伝統的で持続可能な土地利用の一つである。

材

硬く重いが親しみやすい

色はグレーで硬く、重い木ですがおとなしいです。カンナ仕上がりもいいです。まっすぐな木はほとんどなく、曲がっているため長い材がとれません。私のところではアカシデもクマシデもみんなひっくるめて「シデ」です。幹の表面はデコボコしていますので床柱に使われているのを見たことがあります。丸太をカットして中に時計を納めた製品もよく見ます。

病院の待合室に楕円のテーブルを納めました。重厚感がありかつ親しみやすさもあり、なかなかいい感じでした。

［使用例］ テーブル、タンスの前板、ドアの鏡板など。

column 4　無残　巨木の森が単純林に

北海道室蘭市郊外の森を歩いて驚いた。街から車で二〇分もかからない平坦地に、直径七〇～八〇センチから一メートル近いミズナラ、シナノキ、イタヤカエデ、ハリギリが次から次へと現れる。キノコの会の人たちに案内していただき、さらに歩道を進むとトドマツ人工林が見えた。中に入るとやはり、あった。巨大な切り株である。今立っている木々よりはるかに大きな木の伐根である。腐っているが直径は一メートルをゆうに超えている。四〇～五〇メートルおきに見られる巨大な伐根は、つい最近まで巨木たちがそびえる原始の森がここにあったことを示していた。

人工林のトドマツは異常に混み合っていた。細い木から順に立ち枯れている。植えっぱなしで一度も抜き切りされていない。林床には草もない。ササが立ち枯れしている。トドマツとササの未分解の落葉が厚く堆積している。たくさんの落葉広葉樹の巨木が集う原始の森がモヤシのように貧弱なトドマツの単純林に置き換わったのである。

道を進むと再び広葉樹林に入った。今度は一本一本よく見てみた。二股や曲がった木が多い。コブだらけの木、太い枝が幹の下のほうから出ているものも多い。形質が悪く高く売れない木だけを残したのだろう。通直で太い木は高く売れるので抜き切りしたのだ。これを林業では「択伐」と呼んだ。さらに択伐に飽き足らず、広葉樹すべてを伐採し、その跡地に針葉樹を植えた。北海道ではトドマツやカラマツ、本州ではスギヒノキ、そしてアカマツである。林業の世界ではこれを「拡大造林」と呼んでいる。手入れもされず打ち捨てられた景色は「無残」としか言いようがない。

それにしても、これらの巨木は伐られてどこにいったのだろう。巨大な建築物になったのだろうか。無垢材の家具や建具として各地の家庭で大事に使われているのであろうか。そんなことはない。海外では重厚な家具になったが、国内ではベニヤや薄い突き板になり消えてしまった。雄大な立ち姿を見せていた巨木たちはわずかにその痕跡を留めるだけだ。先祖から引き継ぎ次世代に残すべき大事な遺産を我々は失ったのである。このことを忘れてはいけない。

トドマツ人工林に残るミズナラの巨大切り株

トドマツ人工林の中に入ると、いたるところにミズナラの巨大な切り株が残っていた。巨木の林立する原始の森が〝ついこの間まで〞ここにあったのだ。トドマツの太さから推定すると、ほんの 30 ～ 40 年前のことに過ぎない。混み合い過ぎてトドマツは細い個体から順に死んでいた。立ち枯れ木の密度から推定すると、植えっぱなしで一度も手入れがされていないようだ。切り株を見ていると〝無残〞という言葉が浮かんだ。

【トチノキ】栃、橡

樹 なにもかもが大きい

種子は日本の広葉樹の中で一番重い。大きな種子から出てくる芽生えもとても大きく重量感がある。わずか二～三週間で大きな手のひら状の葉を数枚開き、そのまま秋の終わりまで暗い林床でゆったりと光合成をする。稚樹になっても、同じ振る舞いだ。大きな冬芽から一斉に展開した大きな葉で少しずつ光合成をしながらゆったりと一夏を過ごす。暗さをものともせず少しずつ大きくなっていく。トチノキのタネはネズミが斜面を登って散布するので芽生えは沢から遠く離れた尾根筋でもみられることがある。しかし同じ森の中でも斜面の上より下のほうの湿ったところで特に大きくなれるようだ。そして沢筋の湿った斜面に巨木の集う森をつくる。

伐採を専門にする業者の話を聞いたことがある。「トチノキの巨木はなんぼでもある。伐ってもすぐに大きく

トチノキは花も大きい。一つひとつの花は2センチくらいだが円錐状にたくさん集まって長さ20～30センチの大きな花序を作る。巨木はこの花序を数百個、時に1000個以上も咲かせている。蜜を集めにたくさんのハチが群れている。人の通わない奥山の豪壮な風景である。

北海道南西部から九州・四国の冷温帯域の渓流沿いの肥沃で湿潤なところに生育する。

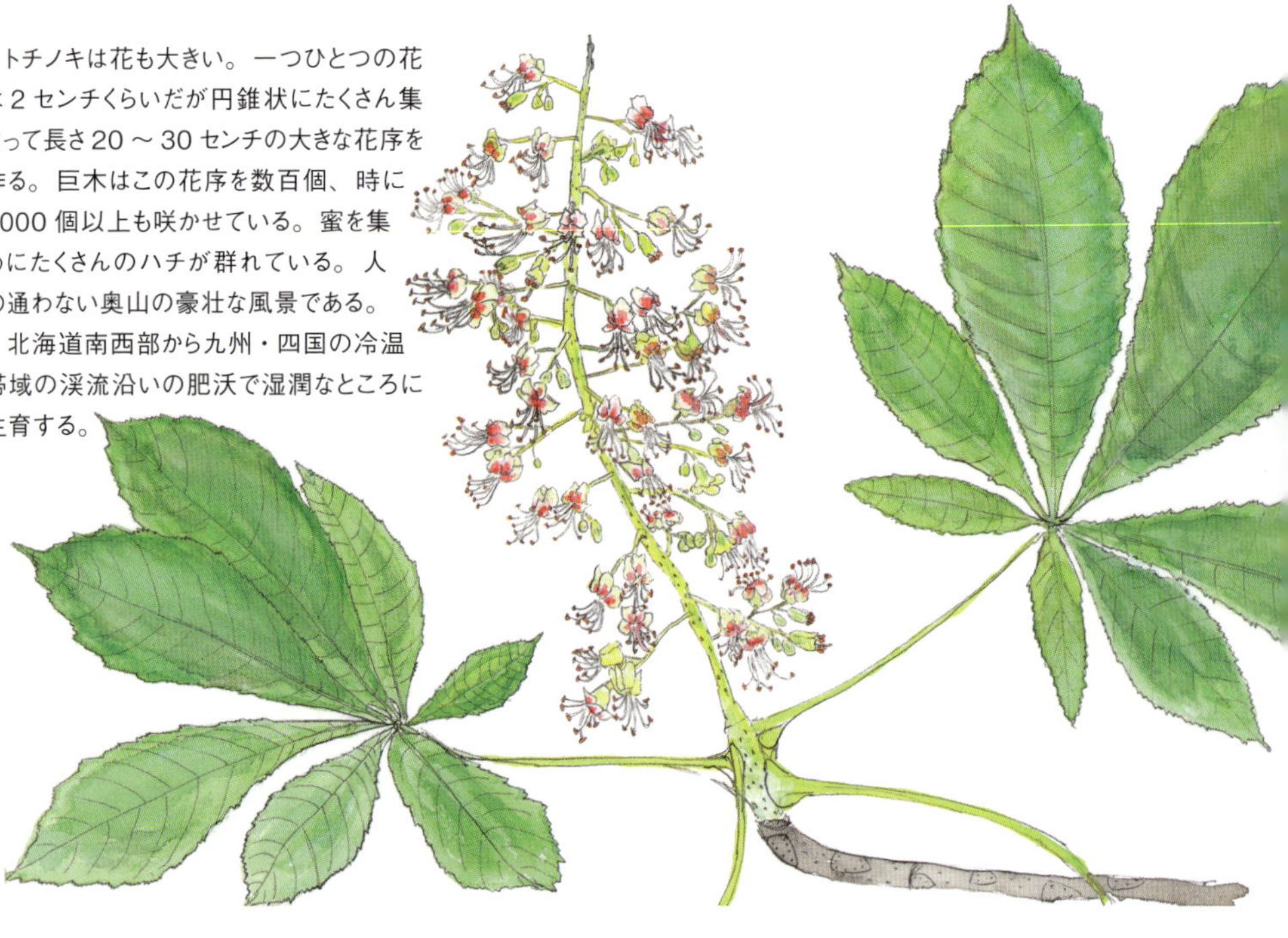

なるのでなくなる心配はない」。数十年前のことではない。数年前のことである。この業界には依然根深い無知がある。森の中で巨木と言われるまで育つには人の寿命の何倍もの時間を要すること、そしてそれはきわめて稀なことだということを知らねばならない。

材

さざ波のような模様

材は白く、カンナで仕上げると絹のような光沢が出ます。よく見ると表面にさざ波のような模様が出ています（リップルマーク）。手で触ってみるとやわらかく非常にいい感じです。粘りがあり、木目も入り組んだりしていますのでなかなか割れません。映画などで薪割りシーンが出てきますが、トチノキはあんなようにスパンとは割れません。それでもやわらかく加工しやすい木です。芯の赤い部分は狂いが大きいので普通は使わず、周りの白いところを使います。でも、あえてその赤いところを使って椅子を作ってほしいという注文もありました。

非常に大きくなる木で各地に大木が残っています。丸太の状態で長く置くと黒く変色するのとふける（腐る）ので要注意です。

実はいい形をしています。水や灰にさらしてアクを抜くのに時間がかかりますが、トチモチなどにして食べます。

使用例としては、こね鉢とか刳物《くりもの》がよく知られています。また一枚板のテーブルなどもよく見ます。事務所で使っている椅子はしっかり艶が出てきました。毎日使っていると一年くらいで艶が出てきます。椅子は特にそうですが、木の家具類は毎日使い毎日手で触れることが一番の手入れ方法です。

［使用例］ テーブル、椅子、ドアの鏡板など。

【ハリギリ】針桐

樹

暗さに耐える「型」をもつ

芽生えたばかりのハリギリの子葉はとても小さく緑も薄い。それでも、ゆっくりと子葉の面積を広げていき、だんだん瑞々しい照りのある緑色になっていく。しばらくして、可愛らしい本葉を一枚開く。さらに時間をかけながら、しだいに大きな葉を開くようになる。

しかし、その間、上には一切伸びない。子葉を開いたときの高さのままだ。上に伸びるより水平方向に葉を次々と開いていく。葉が互いに重ならないようにして光を無駄なく利用しようとしている。少しでも光合成をして幹や根にデンプンなどを貯蔵するためだ。それほど林床に届く光は弱い。ハリギリがこの世に顔を出して最初に見る世界はかなり

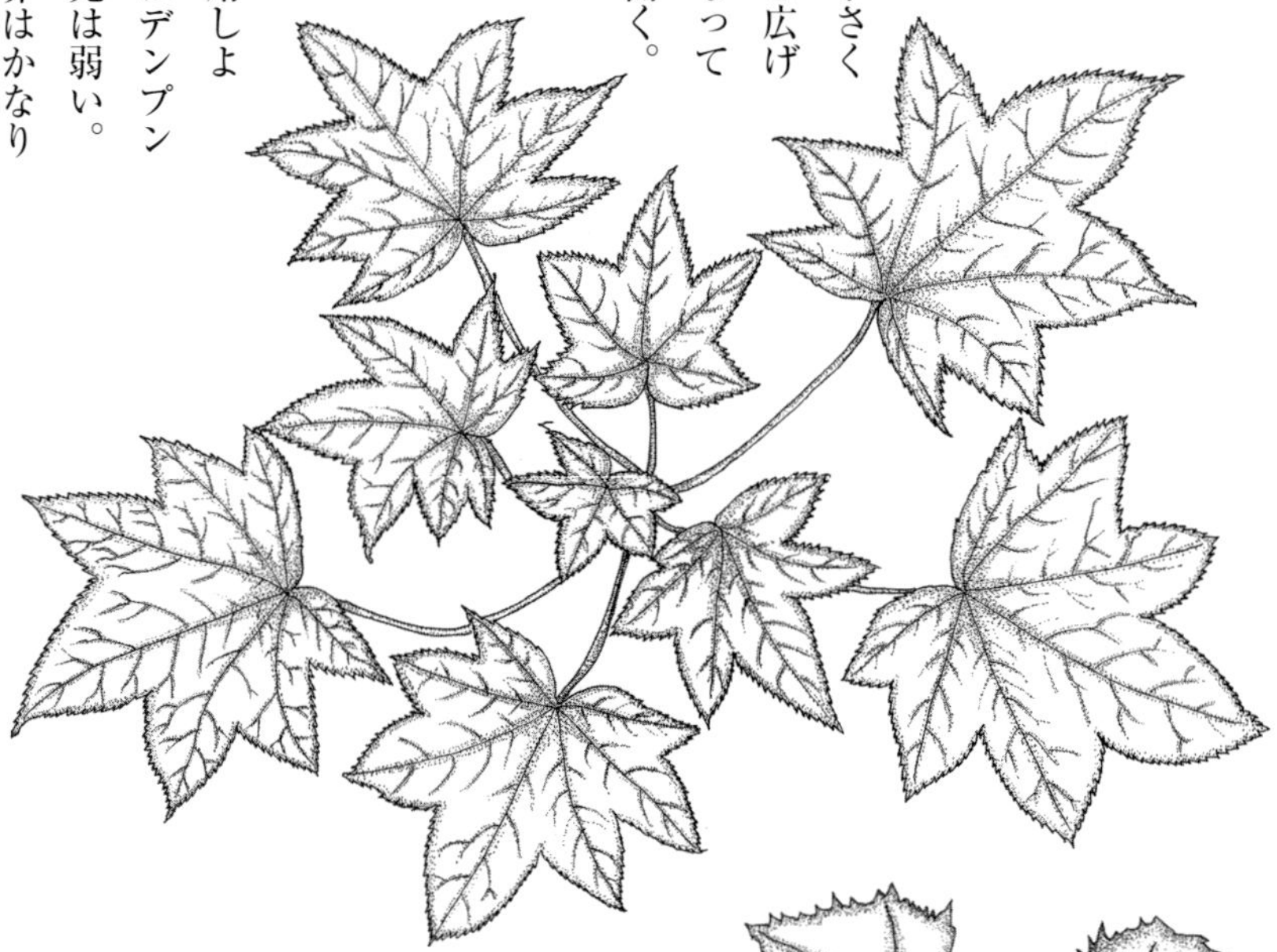

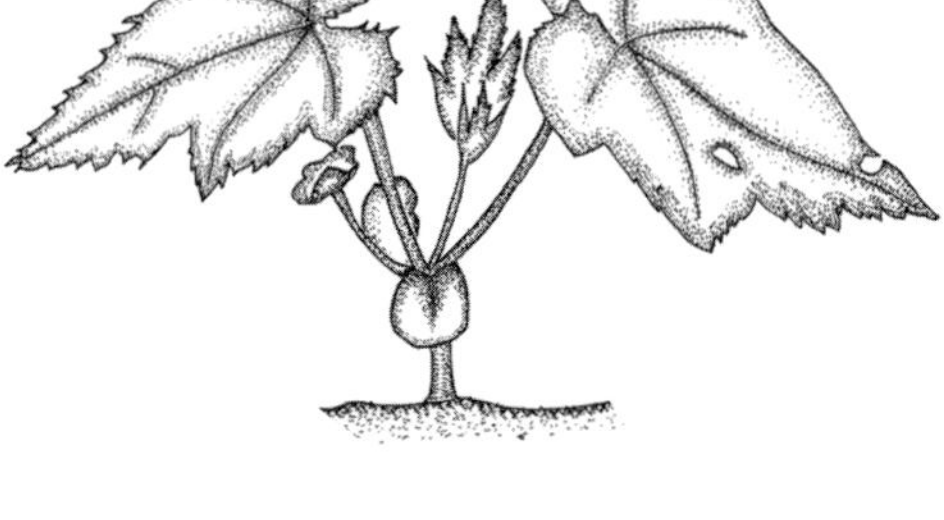

芽生えは落ち葉の隙間や倒木のコケの上でもよく見られる。

暗い森の中で待機している稚樹を上から見た様子（上）。葉が重ならないように配置されている。

サハリン南部から日本全域、朝鮮半島、中国南西部にも分布する。

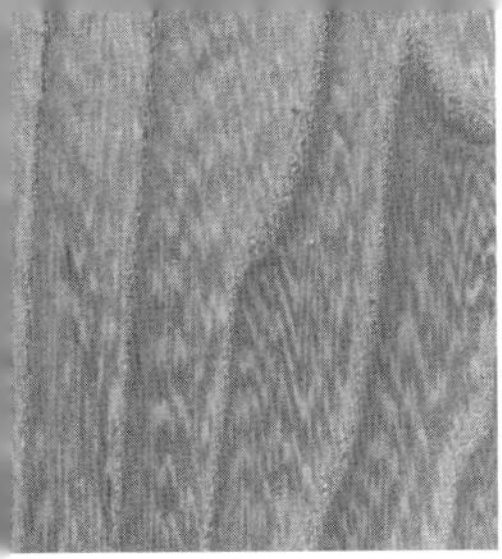

薄暗く、そこで生き延びるのは大変なことなのだ。

森の中でも高さ数十センチほどのハリギリの稚樹をよく見かける。葉を支える葉柄は下の葉ほど長く、葉も大きい。新しく開いた上の葉は小さく葉柄も短い。展開した葉が互いに重ならないようにキチンと配置されている。ハリギリは、芽生えのときから稚樹にかけてじっと暗さに耐える一つの「型」をもっているようだ。いつ訪れるかわからないギャップを待っているのである。

材

木目を生かす

少し緑がかった白い木です。やわらかく、加工しやすくてカンナの仕上がりもいいです。木目はケヤキに似て美しい。この木も大きくなる木で広い板がとれます。呼び方としては他に「セン」とか「センノキ」、伊那では「インダラ」などと呼んでいます。

伊那ではゴトウムシと呼んでいるカミキリムシの幼虫が入りやすく、大きくなった木の根もとのほうはたいがい太い穴が開いていますし、皮と木の間によくいます。この幼虫は焼いて食べると蜂の幼虫と同じような味でおいしいです。

乾燥させるとき、「落ち込み」という現象が起こる木もありますので要注意です。今まで使った中にはやはり硬いものもあればやわらかいものもあり、狂わないものもあれば狂うものもありましたが、総じて使いやすいものが多かったです。木目を生かして和風の玄関の下駄箱によく使いました。

【使用例】キッチン、食器棚、下駄箱、テーブル、椅子、ドア、フローリング材など。

【ヤマザクラ】蝦夷山桜と霞桜

樹

離れてこそ花

ヤマザクラには野趣がある。一つは花の色だ。エゾヤマザクラの花は濃い紅がかったピンクで葉と一緒に開く。葉も最初は赤っぽいのが良い。カスミザクラの花は白だ。曇りの日には空に溶け込んでしまうが、晴天の日には青空に映えわたる。ヤマザクラが良いのはもう一つ、一本一本樹が互いに離れていることである。春先に遠くの山腹を見渡すと、ピンクや白に染まった樹冠が点々と見える。なんとものどかで春らしい風景である。

ヤマザクラが互いに離れているのは、親木の近くでは芽生えが育たないからである。親木の下に住む病原菌がサクラの子どもを死なせてしまい、鳥によって遠くに運ばれたものだけが生き残るからだ。

六月末、太いカスミザクラからツキノワグマがずり落

ちてきた。立ち上がると二メートル近い巨体で驚いたが、すぐに逃げていった。見上げると熊棚ができていた。果実を食べ終えた枝を折って座布団のように敷き詰めたものだ。サクラの果実はドングリが実るまでの大切な餌の一つである。果実の実る時期が異なるたくさんの樹種が共存する森はクマにはとても暮らしやすいだろう。赤みの美しい材色が好まれるが、クマのことも、春の景色のことも気にしながら使いたい木である。

材

反らないように気をつければ特上の光沢

ピンク色の緻密な非常に美しい木です。シュリザクラ（シウリザクラ）以外で市場に出るサクラはすべてヤマザクラと呼んでいます（公園から出るソメイヨシノなどもです）。材は非常に緻密に仕上がり光沢もあり、カンナの仕上がりは美しいです。加工するときは甘いいい香りが仕事場中に広がります。十分に乾燥すると狂わない木なので何にでも使えます。作業台にしてパンをこねたりもします。

この木は製材して板にするとすぐに反ります。

ヤマザクラは互いに離れて立っている。だからこその美しさがある。

エゾヤマザクラ（右）はオオヤマザクラともいい北海道から四国、山陰あたりまで分布する。南千島、樺太にも分布する。

カスミザクラ（左）は北海道から九州まで分布するが、四国や九州ではまれである。

ですので製材したらすぐに桟を入れて上に重しをかけます。すると平らな板に乾燥します。木の中では一番反る木だと思います。乾燥するとき、白太《しらた》が引っ張るのでしょうか？　いったん反ってしまったらどんなにしても直りません。私も水をしっかりかけて湿らせ、上に三トンも四トンも重しをかけてみましたが結局直りませんでした。

昔からいろんなところに使われてきました。私のところでは一番人気の木です。有名なところでは浮世絵の版木。他には定規、バイオリンの弓、競技用のケン玉、スプーン、彫刻物、和菓子の木型、伊那地方ではオニグルミとともに「おくらぶち」（囲炉裏縁）や子どもが遊ぶ橇《そり》などです。皮は細工物、葉っぱは桜餅、子どもの頃には、すっぱかったけれどどこの実（サクランボ？）をよく食べました。

春になると山にヤマザクラが咲きますが、遠くから見ると意外にたくさんあるのに気がつきます。里山ではかなり大きくなったヤマザクラの木もあります。市場にも出ますし、根気よく集めるとかなりの量が確保できます。最近はヤマザクラのキッチンが人気です。

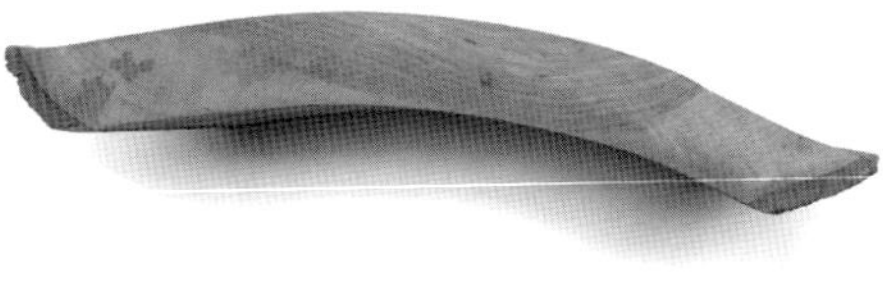

反ってしまったヤマザクラの板。しっかり湿らせて重しをかけても直りません。

［使用例］ キッチン、洗面台、テーブル、椅子、ドア、洋服ダンス、収納家具、フローリング材など。

【イタヤカエデ】板谷楓

樹

親木から離れたり近寄ったり

花弁は鮮やかな黄色だ。朝日を浴びた大きなイタヤカエデは黄金色の塊となって山腹に浮き立って見える。遠くの山腹斜面に、コブシの白やサクラのピンクと三色が混じり合ったとてもきれいな風景を見せることがある。

イタヤカエデの種子を親木の下に播《ま》くと、種子や実生《みしょう》のほとんどは病原菌によって死んでしまう。やはり、遠くに飛んでいった子どもたちだけが生き残っていく。したがって子は親から離れたところで大きくなり、互いに離れて分布するようになる。このような現象はサクラやミズキなど多くの広葉樹で見られる。

一つの木が雄花と雌花をもつ。ただ、雄花から咲く個体と雌花から咲く個体がある。両性花の雄花には雄しべが見られるが中には花粉が入っていないので機能的にはメスである。いずれも花弁は鮮やかな黄色である。

イタヤカエデは形の変異が見られ、いくつかの亜種、変種に分けられており、それらを含めると北海道、本州、四国、九州に分布する。

しかし、しょっちゅう木が切られる里山ではイタヤカエデは集団で生えていることもある。伐採されて明るくなった場所ではむしろ親木の近くで実生が大きくなるからである。イタヤカエデはアーバスキュラー菌根菌と共生関係を結ぶ。この菌根菌は細い菌糸を土壌中に張り巡らし栄養分をかき集め、イタヤカエデの芽生えに供給している。アーバスキュラー菌根菌は親木の根に感染しているので親木に近い芽生えほど感染しやすく、養分をたくさんもらえる。明るい若い林でイタヤカエデがまとまって生育しているのは、親木の近くの芽生えがアーバスキュラー菌根菌に助けられ大きくなったものだろう。

しかし、数十年の時を経て、森が暗くなると再び親木の下では病原菌が蔓延し、やはり子どもを遠くに飛ばさなくてはならなくなる。森は頻繁に攪乱すると多様性が減少し、放っておいたらまた、多様性が増すのである。

材　泣きイタヤ

全体に白い印象です。非常に重い木ですが、粘りもあり狂わないし割れません。カンナで仕上げると非常にいい光沢が出ます。しかし硬いので刃をいためます。縮み

［使用例］ テーブル、椅子、茶ダンス、ドアの鏡板、洗面台、キッチン、フローリング材など。

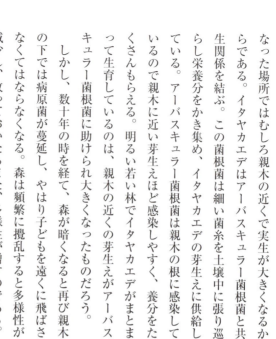

杢《もく》など美しい杢が出ます。アメリカのメープルの仲間で、アメリカ大リーグではバットに使われることもあるようです。私のところでは「打ちあて」（箱や戸を組み立てるときに直接ゲンノウ〔金鎚〕でたたかないで木をあてがってたたきます。その木が「打ちあて」です）、他には楔《くさび》としても使っています。

山形県小国町のおばあさんに「三月の泣きイタヤ」という言葉を教えてもらいました。春先、枝を切ると水がしたたり落ちるからです。今カエデの樹液を採ることが盛んですが、長野県の小谷《おたり》村で聞いた話では一晩で二〇リットルほども採れる木もあるそうです。

この樹液はほんのり甘くとてもおいしいです。煮詰めるとメープルシロップになります。明治時代に発行された『大日本有用樹木効用編』には、「樹液は煎じて砂糖を製す」とあります。

カエデの天板に、いろいろな木をはめたテーブル。

column 5　尾鷲のヒノキ林　元祖 日本の林業

三重県の尾鷲《おわせ》地方は日本で最も有名な林業地の一つである。一六〇〇年代初頭から人工林が造成され、ほぼ四〇〇年の歴史をもつ。密植を行い、間伐や枝打ちを頻繁に繰り返す徹底した保育管理は、通直、完満、無節、かつ年輪幅が緻密で均一な高品質材を生産する。「尾鷲ヒノキ」は名だたる銘柄材として流通し、海上交通により古くから関東方面との取引が行われた。奈良の吉野地方などとともに、その繁栄や技術の高さは林業者の憧れとなり、その生産技術は日本各地で真似られた。そうすることで後発地は儲かる林業を目指したのである。

しかし、間違いは日本全国一律に真似てしまったことだ。北海道から九州まで里山の二次林から高標高の奥地林まで、天然の森は皆伐されスギやヒノキなどが植えられていった。このような拡大造林は一九五〇年頃から一九八〇年あたりまでが最も盛んに行われ、日本の山はチェンソーやトラックの音が響きわたった。長い年月をかけて創られた地域固有の森林植生が単純林（モノカルチャー）に変えられた。きわめて短期間に起きた大きな変化は、ことのほか大きな影響を生態系に与えた。さらに大儲けするはずだった目論見は「経済的な事情」で外れた。手入れ不足に陥り、細い木が混み合った。林の中は薄暗くなり、林床には広葉樹の稚樹はもちろん草もシダもまばらとなった。広葉樹の落ち葉や細根が好きなミミズは消え、土は硬くなった。水は土中に染み込まず、雨が降ればすぐ川に流れ出し洪水を引き起こした。滋味深い果実もなく、困ったクマやサルやイノシシは夕暮れを待って人里に下り畑を狙った。

尾鷲や吉野の人たちが悪いのではない。その成功を見て、真似しようとした人たちの知恵や想像力が少し足りなかっただけである。日本中に人工林を造ったことを誇ってみても、中身を見れば森林は飽和（成熟）などしていないのである。

しかし注目すべきは、尾鷲は今でも日本の林業の先進地であることだ。速水《はやみ》林業の施業を見て驚いた。「広葉樹は伐るな」という父親の教えを守った速水亨《とおる》さんは、生態系に配慮したヒノキ人工林経営を実践し、国際的機関であるＦＳＣ（森林管理協議会）の認証を日本で最初に取得した。

間伐を欠かさずに陽の光を入れて、広葉樹や下草を生やし、表面土壌の流失を防いでいる。林の中では多くの広葉樹が成長し、下層だ

尾鷲のヒノキ林施業
徹底した保育管理で造られた整然とした姿は人造の美として称えられる。少しでも手入れを怠ると混み合って生態系が劣化するにもかかわらず、400 年の長きにわたって人工林を維持してきた歴史には頭が下がる。
しかし、大面積の皆伐と植栽を繰り返してきた伝統ある有名林業地にも新しい風が吹いている。良いところは真似をしていくべきだろう。

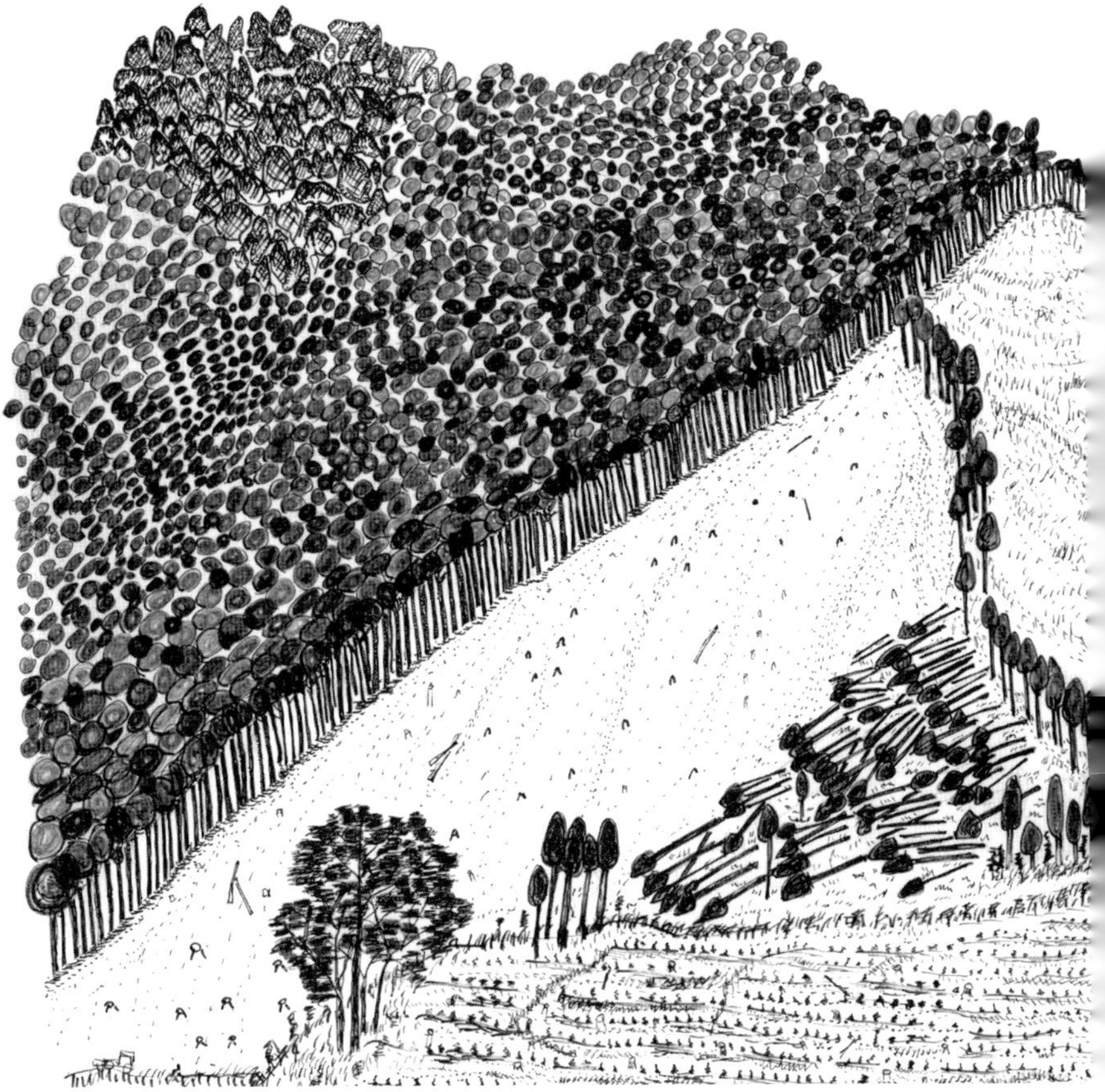

けでなく林冠に届きそうな勢いである。多分その次の世代の林業では混交林を造るだろう。そして多様な広葉樹も育て、売れるようにできればそれこそ本物だろう。ヒノキ人工林とはいえ、多くの植物種が共存し、多様な落ち葉を土壌動物に供給し、土壌も豊かになり、水源涵養機能も他の人工林よりもかなり高いようだ。

だが、日本で速水林業はまだ例外だ。日本の林業は尾鷲を真似てきたが、尾鷲の速水林業はすでに先を行っている。

老熟した森で生きる

【ミズナラ】水楢

樹 古木の悲しみ

薪炭林跡の三〇～四〇年生の若いミズナラ林には、たくさんのブナの若木が育っていた。林床にもブナの実生や稚樹がたくさん見られた。あれから二十数年、ブナはミズナラと同じ大きさに達し、大きなミズナラは枯れる個体も出始めて、どう見てもブナ林になりつつある。

ヨーロッパでも同じ現象が見られている。ミズナラが根を深く差し込むのに比べブナは根が浅く、地表近くの栄養豊富な土壌層を独占するためだと考えられている。また、ブナのほうがミズナラよりも一ヶ月も早く葉を開くので春の光を利用しやすいからだとも考えられる。ミズナラはブナより弱いのだろうか？

そんなことはない。ブナの寿命は一五〇年からせいぜい二〇〇年くらいだが、ミズナラはしばしば五〇〇年を超える。直径も二メートルをはるかに超える巨木となる。

長い寿命で数少ない更新のチャンスをものにし、老熟した森で生き続けているのだろう。

材　丸くおだやかな板目

コナラは里山、ミズナラは高い山に生えています。オオナラとも呼ばれます。色はクリを濃くした感じです。削ったり水をかけたりすると、すっぱいにおいがします。クリよりも加工はしにくいですが、仕上がりはいいです。ミズナラは高地に生えて年輪の幅もせまいので軽く、おとなしい木です（環孔材は年輪の幅が広くなると重たくなります）。

柾目《まさめ》に製材すると虎斑《とらふ》という美しい模様が出ます。これも人の好みで、製材関係の人の間でも「虎斑が出るように製材しなきゃだめだよ」という人と、「虎斑が出ないように製材することが一番！」という人もいます。いろんな条件の中でそう言われるわけですが、確かに板目で製材したときの木目はケヤキなどの板目とちがい丸くて穏やかです。ちなみに私はどちらも好きです。

一九六〇年（昭和三五）頃まで、日本のミズナラは「ジャパニーズオーク」とか「オタルオーク」（北海道の小

室蘭郊外に残された直径２メートルほどのミズナラ。見上げると数百年を生きた樹冠はとても広く、えも言われぬ威厳が感じられる。それだけではない。しばらくその下に佇むと、どことなく寂しさが漂ってくる。なぜだろう。側に広がるトドマツ林を歩いてみるとその理由がよくわかった。そこにはミズナラの巨大な伐根（切り株）があちらこちらにたくさん残っていたのである。この古木は、最近まで一緒にいた仲間が大勢いなくなったことを悲しんでいるのだ。

ササに覆われた林床に目をやると、ミズナラの芽生えや稚樹がちらほらと見られる。この巨木は未だに数年に一度は花を咲かせている。ドングリを作り、ネズミに運ばせ、芽生えを地上に送り込み続けている。そして、ササが開花・枯死する日を待っている。その上、うまい具合に林冠木が倒れ、芽生えたちの頭上が明るくなる日が来ることを気長に待っているのだ。巨木は子どもたちが明るい樹冠に届く日が来ることをいつまでも見届けようとしている。樹々はとてつもなく辛抱強い生き物のようだ。

北海道から九州まで見られ、ウスリー、アムールからモンゴル、中国東北部の冷温帯に分布する。

樽港から輸出されていた）と呼ばれてヨーロッパで珍重されていたようです。日本では当時雑木と呼ばれてあまり利用されていませんでした。

一九六五年（昭和四〇）頃、山形県の小国町の古老から聞いたのですが、神社の直径九〇センチくらいのケヤキを売ったとき、となりに直径一五〇センチくらいのミズナラがあったので、せっかくケヤキを買ってくれたのだからと、おまけにつけてやったということです（私はそのミズナラをいただきたかった）。また、当時はチップ工場に直径六〇～九〇センチくらいの真ん丸でまっすぐのミズナラが山と積まれていたので「これ欲しい」と言ったら、工場の人に「こんな木何に使うの、何にもならない木だヨ」と言われました。

この木は重いけれど狂わないので建具の框《かまち》にもよく使います。重厚な建具ができます。この木も鉄と反応して黒くなります。でも黒くなる部分はほんの表面ですので、サンドペーパーで簡単にとることができます。枝や細い木は薪にすると最高です。

［使用例］キッチン、食器棚、下駄箱、テーブル、椅子、本棚、フローリング材、ドアなど。

【タモ】梻、アオダモ、ヤチダモ

樹 五月の風に揺れる

アオダモの冬芽は灰色で地味である。よく見るとふっくらと丸みを帯びている。愛らしいのでそっと触ってみる。見た目を欺き、すこぶる堅い。頑丈な芽鱗《がりん》が芽を守っている。春になると堅い芽鱗もほころんで、中から一斉に葉が開きだす。スルスルッと主軸が伸びてくる。その両側に対になった羽状複葉を出す。羽状複葉とは葉柄の延長上の葉軸の左右に小さな葉（小葉）を羽根のように並べて配置したものをいう。

よくもこんなに大量の葉を小さな芽からあっという間に展開するものだ。春先に一斉に葉を開くのは、隣り合う競争相手より先に有利な態勢を作り、少しでも良い条件で光合成をするためだ。このような春先に一斉に当年生枝（シュート）を伸ばし短期間に葉を開き終える樹木

ヤチダモは風散布種子としては結構大きくて重い部類に属する。イタヤカエデと同じくらいだ。だから、少しぐらいの落ち葉が積もっていても突き破って顔を出す。

を「一斉開葉型」と呼んでいる。アオダモだけでなくブナやトチノキ、イタヤカエデなど暗い森の中でも更新できる遷移後期種が生き延びるための知恵である。

アオダモには雄花だけをもつオスの木と、雄しべと雌しべの混ざった両性花をもつ木の二タイプがある。両方とも白くてふわっとした花を咲かせ、木全体が白く包まれる。秋も赤紫のマフラーをまとったような鮮やかな色のタネをたくさん実らせる。アオダモの装いはいつもオシャレだ。

材

野球のバット

黄土色の木です。かなり硬い木で重いです。狂いはありません。野球のバットに使われています。カンナの仕上がりはいいです。玉杢、縮み杢もよく出る木で冬目は強く、主張します。

二〇年くらい前に、新潟県から宮城県まで走る国道一一三号線沿いに、新潟から仙台まで天然ガスのパイプラインが敷かれたことがありまし

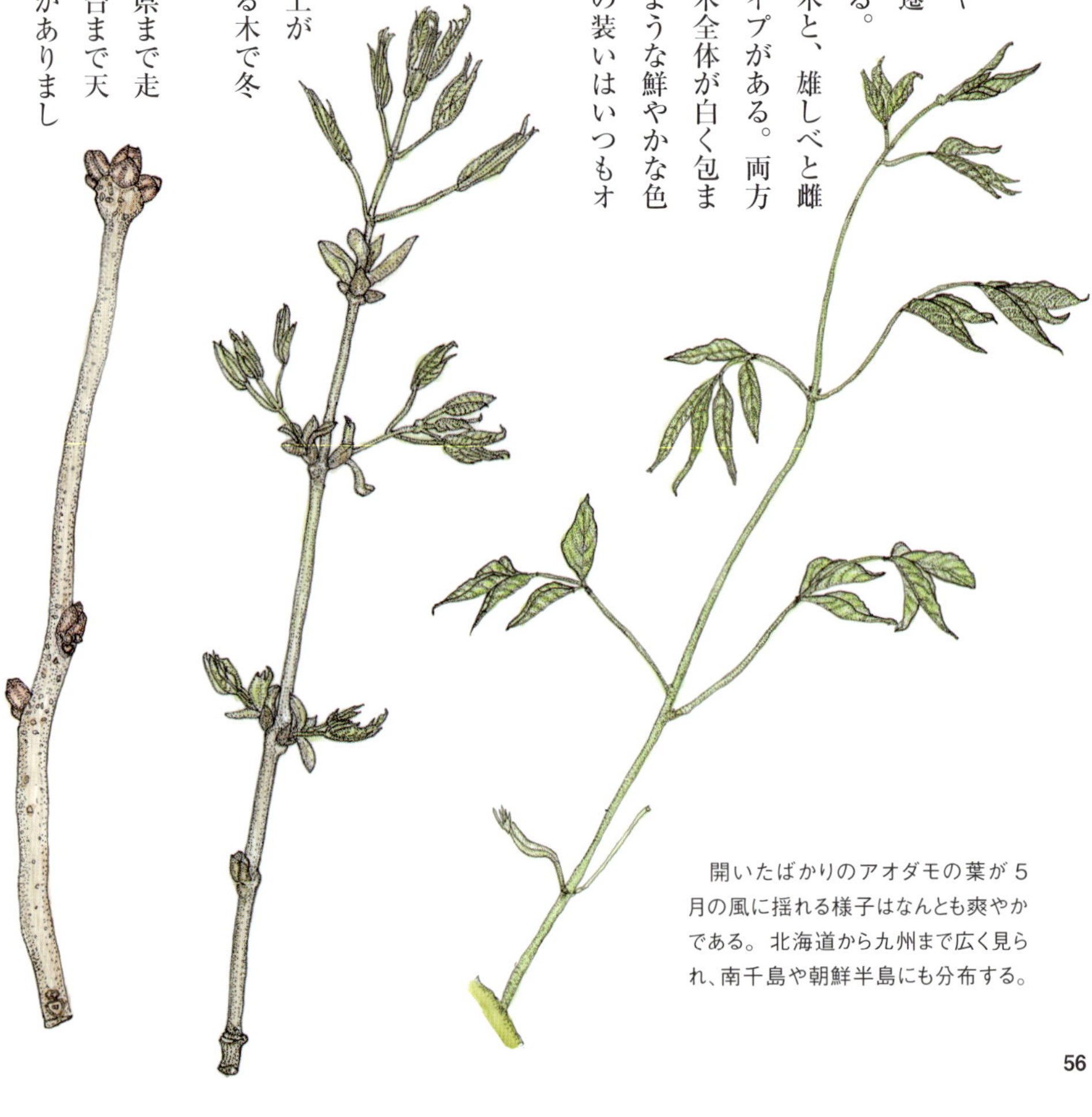

開いたばかりのアオダモの葉が5月の風に揺れる様子はなんとも爽やかである。北海道から九州まで広く見られ、南千島や朝鮮半島にも分布する。

た。その途中の山で、大きなタモの木がルート上にあり、切られました。胸高直径一五〇センチ、枝下一五メートル、枝の直径六〇センチという大木でした。山で工事をしている人から連絡があって、「もし買ってくれるなら道を造って下まで出す」と言うので買うことにしました。

カミキリムシの幼虫が大きな穴をたくさん開けていましたがすごくいい木で、年輪を数えたら一八〇年から二二〇年くらいでした。大きさのわりにはあまり年をとっていない感じでした。根元の一番太いところは太鼓屋さんが買っていき、私はその上と枝を買いました。

こんなに大きな木は珍しいですが、工事の支障木という形でいろんな木が出ました。わりと大きな木もあり、使える木も多いです。チップ工場の泥の中に半分埋まっていた長さ二・四メートル、直径一二〇センチというヤチダモもありました。一枚板のテーブルをいくつも作りました。

［使用例］テーブル、椅子、キッチン、下駄箱、洗面台、本棚、ドア、建具の框など。上の写真は神代タモの座卓。

【シナノキ】科木

樹　とても役に立つ

丸い果実は平べったい翼にぶら下がっている。一緒にくるくる回転しながら落下し、強い横風を受けると遠くに飛んでいく。親木の近くでうごめく病原菌から逃れるためだろう。一枚の翼には果実が一個だけぶら下がっているものもあれば数個ついているものも多い。一個なら遠くに飛びやすいが、種子を多くすれば全体が重くなりあまり飛べない。では、なぜ飛べなくしてまで、わざわざたくさんの種子をつけるのだろう。多分、一個一個の種子の発芽時期をずらし、子どもが全滅しないで生き延びる確率を少しでも上げようとしているのかもしれない。

もともと北海道や東北に多い木であった。樹皮の繊維が強いので古来、繊維をとり衣服やひも・縄などに使われた。山形県の鶴岡市関川では科《しな》織《お》りが伝承され、帽子、バッグ、ランプシェード、財布などが作られている。科

果実は平べったい翼に１個から多くて７個ほどぶら下がっている。秋になると風に乗って飛んでいく。
北海道から九州まで分布する。

織りのキーホルダーを長く使っていたが、手触りがとてもよかった。

萌芽しやすいので使い続けるには良い木である。おいしい蜂蜜も大量に採れる。しかし戦後、大量に伐採されてベニヤ板になり、太い木は残っていない。関川のように身近な樹として利用しながら共存する道を探るべきだろう。

材　ベニヤに浪費された木

色は白、ろう分を含んでいるので水をはじく感があります。加工しやすくカンナ仕上がりもいいです。

この木が私たちの一番身近にあるのは「シナベニヤ」としてでしょう。小学校のとき、版木として学校の授業で使いました。独特のにおいがあるので覚えのある方もいると思います。彫りやすいので彫刻にも使われます。

この花の蜜はニッキのような香りがあり、シナ蜜として売られています。蜜源としても貴重な木です。信濃の国の語源になったという説もあります。

【使用例】引き出しの側板や前板、ドアの鏡板など。

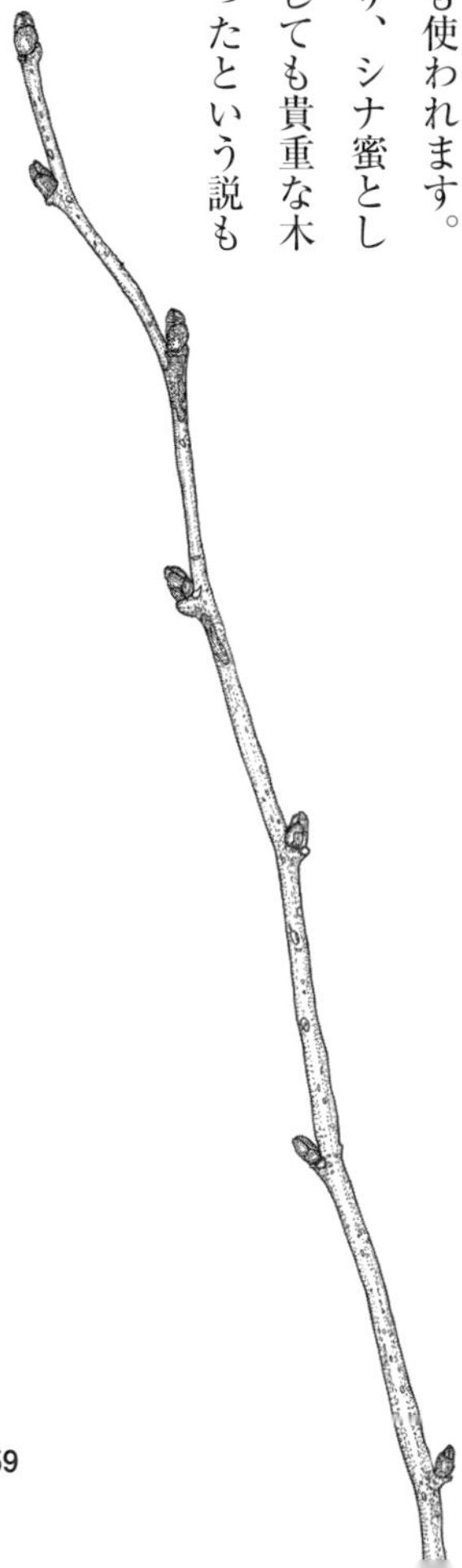

シナノキの子葉は赤ん坊の手のひらに見える。丸みを帯びた指がおずおずと開き始めているかのようだ。

column 6

大好きな「神代木」

神代木って何？

一言で言うと「埋木《うもれぎ》」のことです。「じんだいぼく」と読みます。火山の噴火、土砂崩れ、洪水などで、生きたまま土中に埋まってしまい、そのまま何百年と経って掘り出されたものです。土中深くには酸素がないので、腐朽菌が働かず、腐らずにいます。

埋まっている木はさまざまですので、その樹種名の頭に「神代」とつけて呼びます。神代スギ、神代ケヤキ、神代〇〇といった具合です。今まで扱った木は、イタヤカエデ、カツラ、クリ、クワ、ケヤキ、ケンポナシ、ヤマザクラ、タモ、ニレ、トチノキ、ナラ、ホオノキ、スギです。

埋まっている間に土、水の成分と反応してほとんどの木が黒く変色します。その色はすごく魅力があります。自然の力による着色はすごいです。神代木は貴重品でもあり、「木の宝石」と呼ぶ人もいます。

色について

ほとんどの木は黒くくすんだ色に変色します。クリ、ナラは真っ黒になります。まるで石炭のようです。タモ、ニレは濃いグレー、新潟県の阿賀野川の河口から出るカツラは黒っぽい茶色、ケヤキは緑がかった黒です。いずれも深い感じのする色です。

樹種を判断するのには材の色が重要なので、その色が変わってしまうとまったくわからなくなります。キハダなのかクワなのか、ホオノキなのかカツラなのか、森林総合研究所にサンプルを送って判断してもらうこともありました。

においについて

ほとんどの木がそのままでは土のにおいがします。でも加工するとその木特有のにおいの出る木もあります。ヒノキ、スギ、タモなどです。特にヒノキはにおいが強いです。

どのくらい埋まっていたの？

何百年と言われています。埋まった年代がわかっているものもあります。鳥海山の西暦何年の噴火で埋まったスギ

神代クリの戸

とか、長野県の遠山川から出るヒノキは奈良時代の地震で埋まったものと言われています。長いものでは八三〇〇年前のナラもあります（信濃毎日新聞信州ワイド版、二〇一七年二月一五日より）。

芯まで色が変わっていない木も出ます。埋まっていた年数が短いのでしょう。河口から出る木にも「そんなに長い間埋まっていた木ではないな、せいぜい五〇年くらいかな」という木もあります。

そんなに長い間埋まっていて生きているの？

生きています。不思議です。製材して板にすると通常の木のように反ったり曲がったり縮んだり伸びたりします。まだ生きている証拠です。

どんなところからどんなときに出るの？

どんなところにも埋まっています。特に多いのが火山麓、土砂崩れの多いところ、そして河口です。河口に多いのは洪水のときなどにたくさんの木が流れてきて埋まった

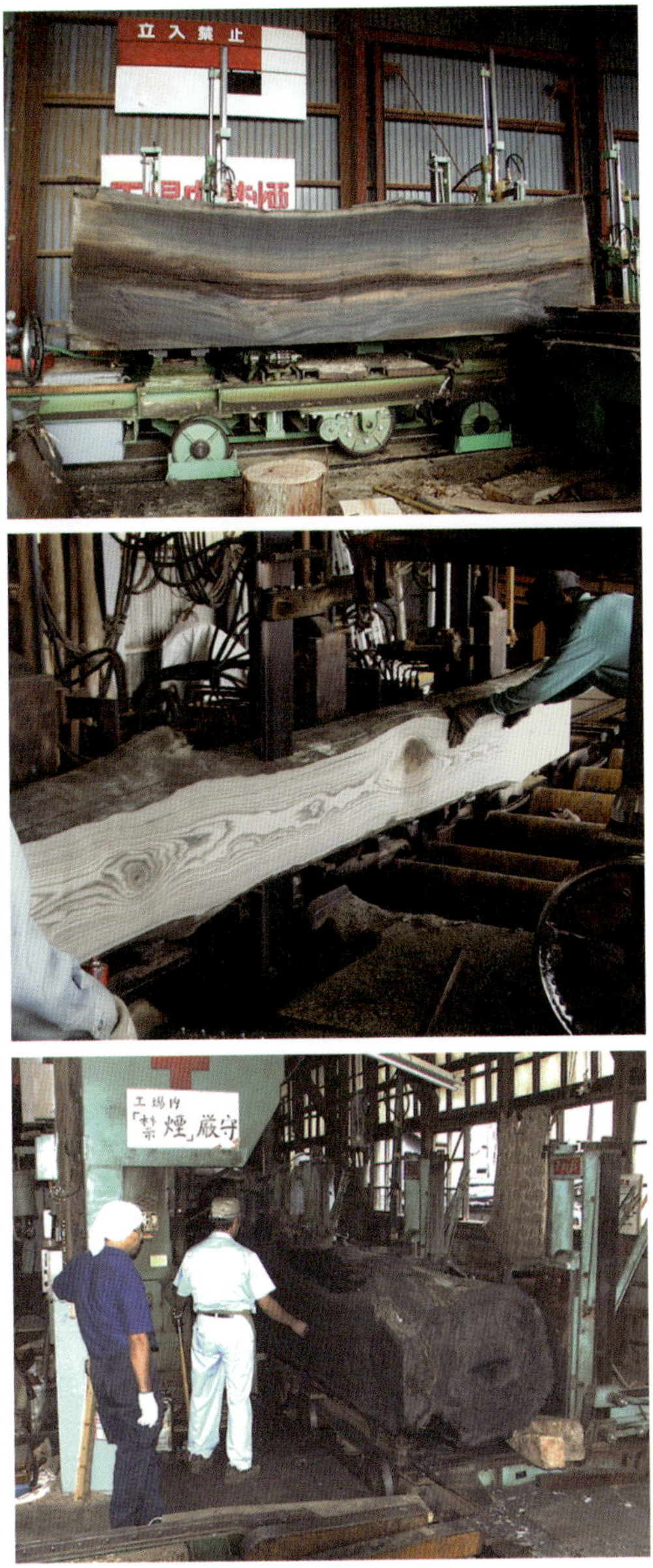

上から神代カツラ、神代タモ、神代クリの製材の様子

と考えられます。砂利を採取するときに出ます。

私が見た神代木の一番の大物は、鳥海山の秋田県側で出た直径二メートル以上のスギです。長さ七メートル、幅二メートル、厚さ三〇センチに製材した一枚板でした。宅地造成工事のときに出たそうです。北海道から出たタモ、ニレは高速道路の工事のときに出たとのことでした。

街中の水道工事でも出ます。水道工事屋さんから、直径九〇センチくらいのケヤキが埋まっていると連絡があったことがありますが、掘り出すには道路を壊し、建物の下を掘らなければならないので諦めました。長野県遠山川からヒノキが出ることは有名ですが、川の流れが変わると土砂が取り払われて立木の状態で出ます（上写真参照）。

河川改修工事のときにも出ます。でも工事をしている人にとっては邪魔者ですので、そのまま廃棄されてしまうこともあるようです。もったいない！

遠山川の河原に立木の状態で出現した、奈良時代の地震によって埋まったといわれている神代ヒノキ

製材について

製材所では嫌がられます。特に河口から出た木は流れてくる間に石や砂が食い込んでいて、製材機の帯鋸《おびのこ》（左図参照）の刃を傷めるからです。時には刃が切れて飛び散り、オペレーターの「怪我」などに直結します。ですので神代木を製材するには費用が余分にかかります。

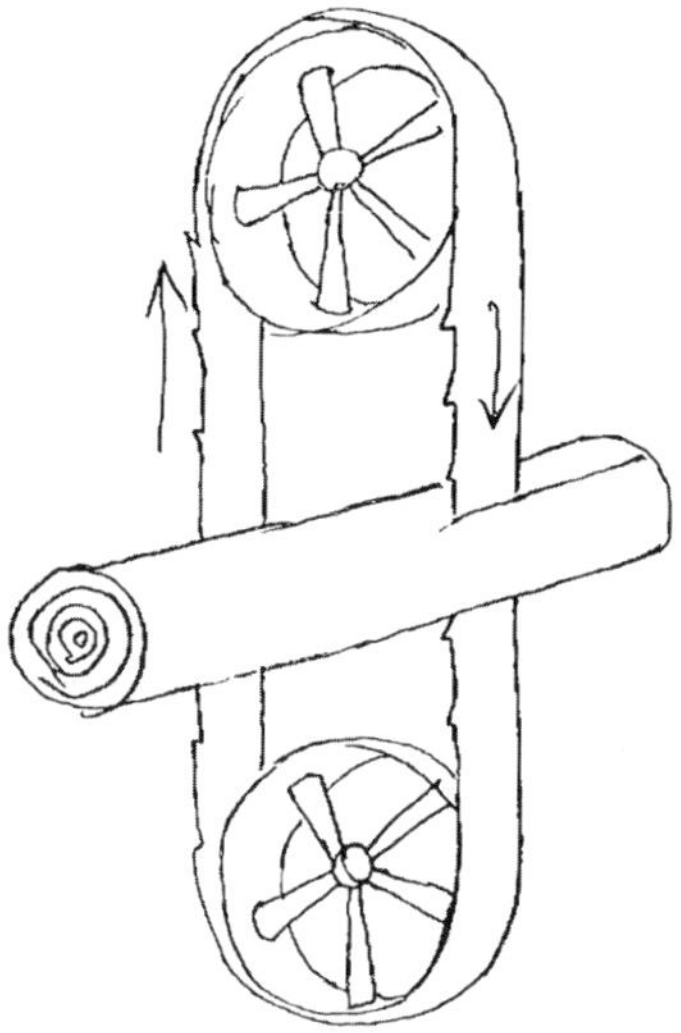

製材機は帯状の鋸を回転させて木材を板や角材にします。木材は台車に固定して移動します

河口から出た神代クリを製材したとき、グラインダーで鉄を削っているような火花が出ました。

乾燥について

乾燥は難しいです。特にクリは難しいです。直径九〇センチ、長さ五メートルという神代クリを厚さ九センチの板に製材して乾燥を試みましたが、見事にバリバリに割れました。外側が乾いて、中のほうは水分が多い状態だからだと思います。クリは本来やわらかくて粘りのある木ですが、神代木になって性質が少し変わっているのかもしれません。急激に乾燥させないように毛布を厚く被せたり、風の当たらないところに置いたりといろいろやってみましたが、やはり割れました。

遺跡から出た木製品などを一時水の中に入れて保存している映像をよく見ますが、あれは割れないようにするためもあるのだと思います。

神代木になっても木の性質は変わらない?

もとの木とほとんど同じ性質をもったままです。何百年も土の中に埋まっていたんだから、狂うことはないだろうと思いますがしっかり狂います。反ったり曲がったりします。しかもカンナをかけると刃が潰れてしまいます。クリなんかは一回かけるともう切れなくなるという感じです。木の成分がガラス質のようなものと置き換わっている感じがします。

油分はほとんど抜けています。薪として(もったいないですが)ストーブやペチカで燃やしても火力はありませんが、灰がたくさん出ます。

神代トチの材

【ナナカマド】七竈

樹 長い雄しべ

北国では街路樹としてよく植えられている。春には白い花がふっくらと丸い塊となって咲く。小さな花が十数個まとまって咲く複散房花序である。秋はオレンジや赤の丸い果実がたわわに実り、枝先が重みでしなっている。羽状複葉も先まで真紅に染まり、とてもよく目立つ。小ぶりで背もあまり高くない。街植えに重宝されるのがよくわかる。

しかし、ナナカマドは街で並んでいるものより、森の中で見るほうがずっといい。ただ、北海道に比べ東北では少ない木である。それにひっそりと孤立している。花もまばらで果実も少ない。宮城県北部の六ヘクタールの老熟林には、胸高直径一メートルを超えるブナやミズナラなど五センチ以上の木が五〇〇〇本以上もあるのに、ナナカマドはわずかに三本しかない。

純白の花弁の外に飛び出した長い雄しべが全体に柔らかな雰囲気を醸し出している。それも20個ほどもあるので、一つひとつの花もにぎやかに見える。

北海道から九州まで、主に冷温帯林に生育する。南千島、樺太、カムチャツカ、朝鮮半島、中国東北部にも分布。

数の少ない木や細い木は十把一絡げに薪や紙の原料にされてきた。だから、七回かまどに入れても燃えにくい、とか、いや燃える、とかの話題にされてきた。しかし、有賀さんから買った引き出しの表板の一つはナナカマドである。板目模様の濃淡が穏やかに変化している。森の中の立ち姿を思わせる優しげな表情だ。

材 いいにおい

標高の高いところに生えていて、紅葉の便りというとまずナナカマドの紅葉と赤い実がニュースになります。街路樹としても植えられています。材はヤマザクラとよく似ています。カンナ仕上がりはいいです。いいにおいもします。あまり大きな木は扱ったことがありません。せいぜい直径二〇センチほどです。

「七回かまどに入れても燃えない木」といわれています。私は庭屋さんのところに切られたものがたくさん横積みになっていたのでそれを購入したのですが、「これは何に使うんですか?」と聞いたら薪にするとのことでした。薪としてもかなり利用されていたようです。実際、よく燃えます。熟した赤い実は野鳥が好んで食べます。

【使用例】 ドアの鏡板、タンスの前板。

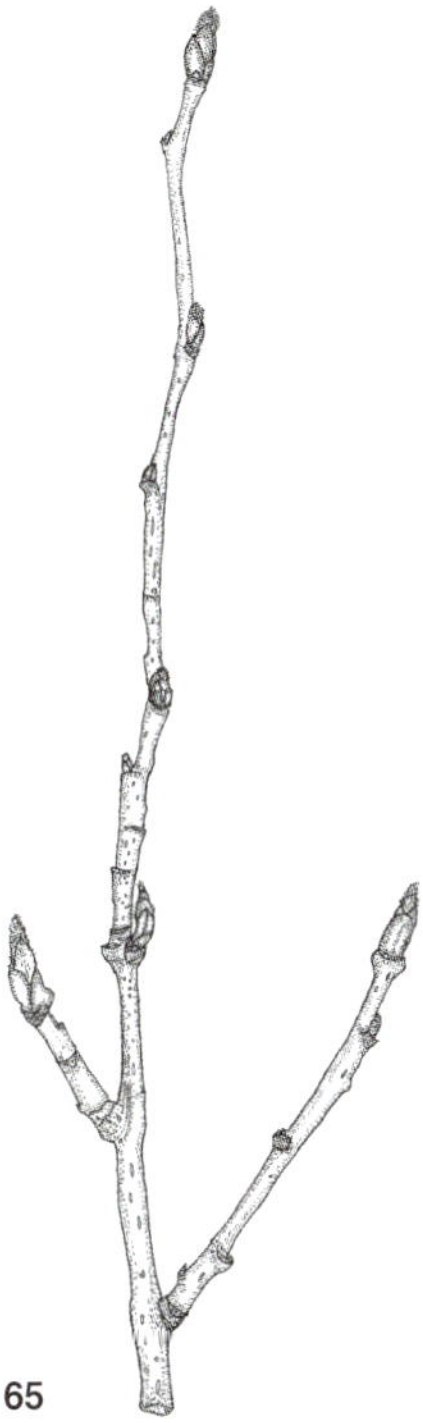

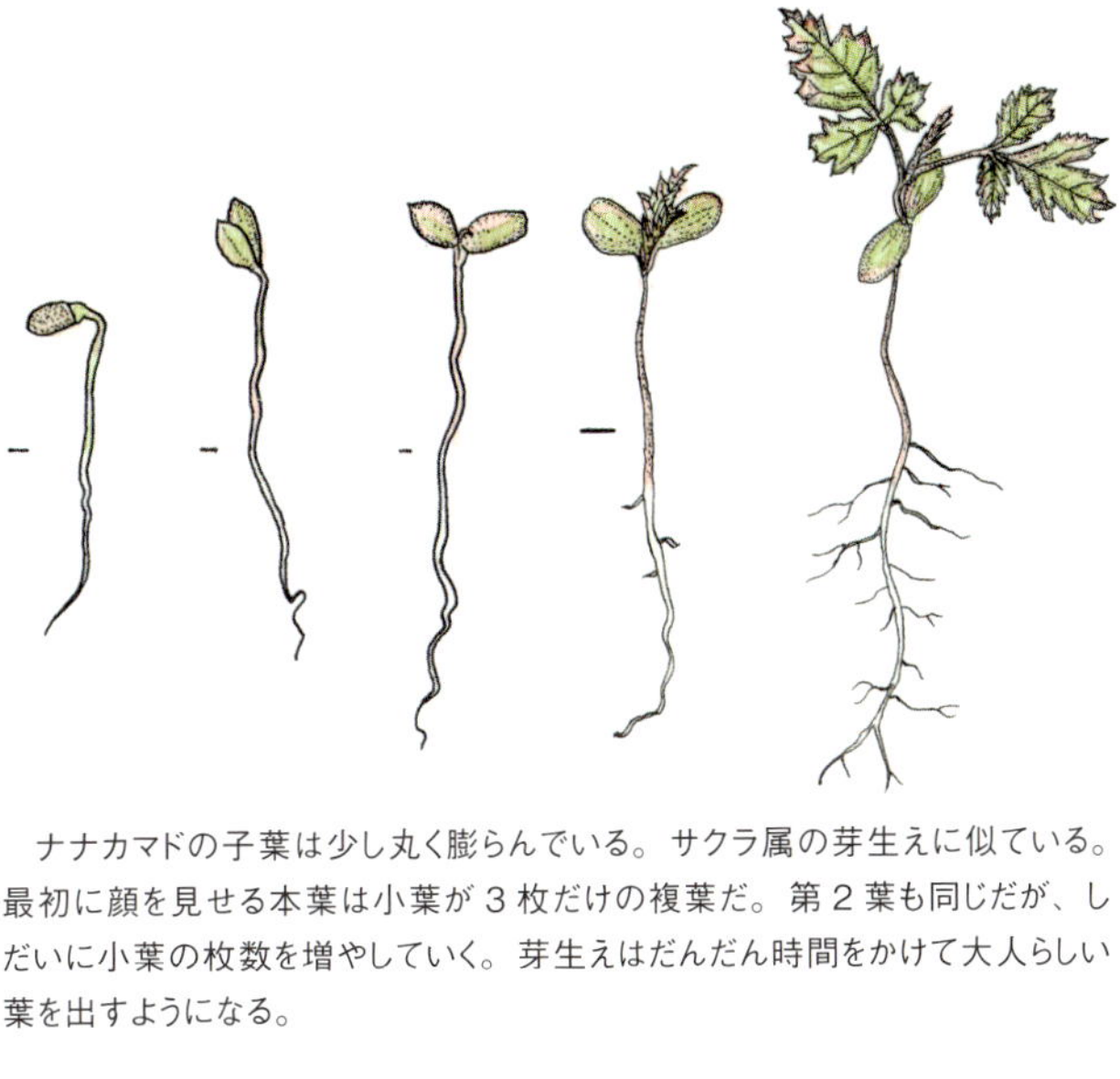

ナナカマドの子葉は少し丸く膨らんでいる。サクラ属の芽生えに似ている。最初に顔を見せる本葉は小葉が３枚だけの複葉だ。第２葉も同じだが、しだいに小葉の枚数を増やしていく。芽生えはだんだん時間をかけて大人らしい葉を出すようになる。

【ミズキ】水木

樹

置き換わりが生む多様性

ミズキはスギ人工林を間伐（抜き切り）すると、たくさん発芽してくる。少し強めに間伐するとぐんぐんと大きくなる。林道沿いなどでもよく見られるので明るいところを好む樹種だと思われているが、必ずしもそうではない。

人手の入らない老熟林の中でもミズキはしっかりと生きて次世代を残している。ただし、親木の近くに落ちたタネはたとえ発芽してもすぐに死んでしまう。土壌中の立ち枯れ病菌や親木から落ちてくる葉の病気に感染するからである。

特にミズキ輪紋《りんもん》葉枯病《はがれびょう》という葉の病気はミズキに対する毒性が強く、感染すると葉から軸に病気が進行してすぐに死に至る。その結果、親木の周囲一〇メートルから一五メートル以内のミズキの芽生えはほとんど死んでし

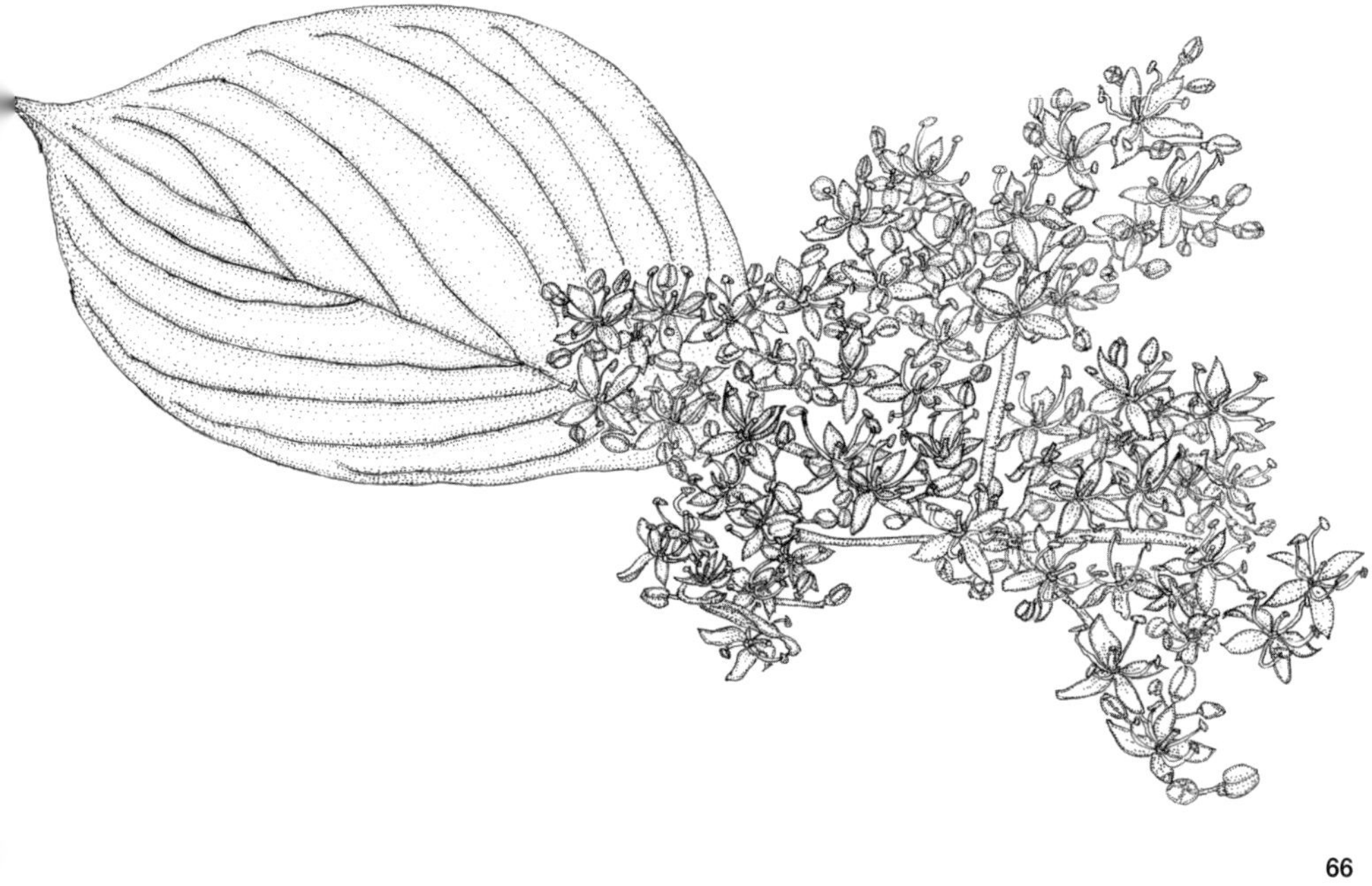

まう。一方、ミズキの親木の下でもサクラ類やミズナラ、イタヤカエデ、ハリギリなど他の樹種の稚樹はこの病気に感染しても生き残る。感染部位を丸く切り落として病気が広がらないようにしているのだ。

したがって、ミズキは親木から遠いところに運ばれたものだけが稚樹となり、ミズキの親木の下ではミズキから他の樹種への置き換わりが起きるのである。このようにして森林の種多様性ができあがるのだ。ジャンゼン-コンネル仮説を絵に描いたような生活史を辿る木である。

材　草いきれのにおい

きれいな白い木です。木目はやわらかくてあまり目立ちません。伐り倒してすぐに製材しないと黒い帯が入ったように変色します。材は緻密で割れにくく重いほうです。削ると草いきれのにおいがします。

コケシの材料です。コケシを作るところで見せてもらいましたが、直径二〇センチくらいまでのあまり太くない木を使っていました。原木市場では「ミズブサ」と呼ばれてよく出ていますので、コケシの他にも何か用途があるのでしょう。

【使用例】ドアの鏡板、トレーなど。

小さな花が数十個集まって一つの白い花の塊（花序）を作っている。水平に張り出した枝の上に白い花序が雲のようにポカリ、ポカリと浮いている。遠くから見ると木が白く見える。大量の花におびき寄せられた昆虫たちは、遠くから花粉を運び、健全な種子を作ることに貢献する。秋になると大量の果実に誘われた鳥たちが種子を親木から遠くに運ぶのである。遠くに運ばれた種だけが生き残る。つまり、大量の花を咲かすことが子孫を残す、第一歩なのである。

北海道から九州まで広く見られ、台湾や朝鮮半島、中国、ヒマラヤにも分布する。

【ブナ】山毛欅、橅

樹

同じ愚は繰り返さない

そう遠くもない昭和の日本はブナの巨木林で覆われていた。北海道の南部から本州の日本海側の山地では、少なくとも第二次世界大戦前まではそうであった。『ブナ林再生の応用生態学』（寺澤和彦・小山浩正編、二〇〇八年）によると、ブナは戦後の高度成長期には毎年、日本全国で四〇万立方メートル伐採された。直径八〇センチの巨木が毎年五万本、それも三〇年続けて伐られた勘定になる。しかし、その後パタリと伐られなくなった。自然保護運動の高まりもあるが、そもそも伐る木がなくなったた

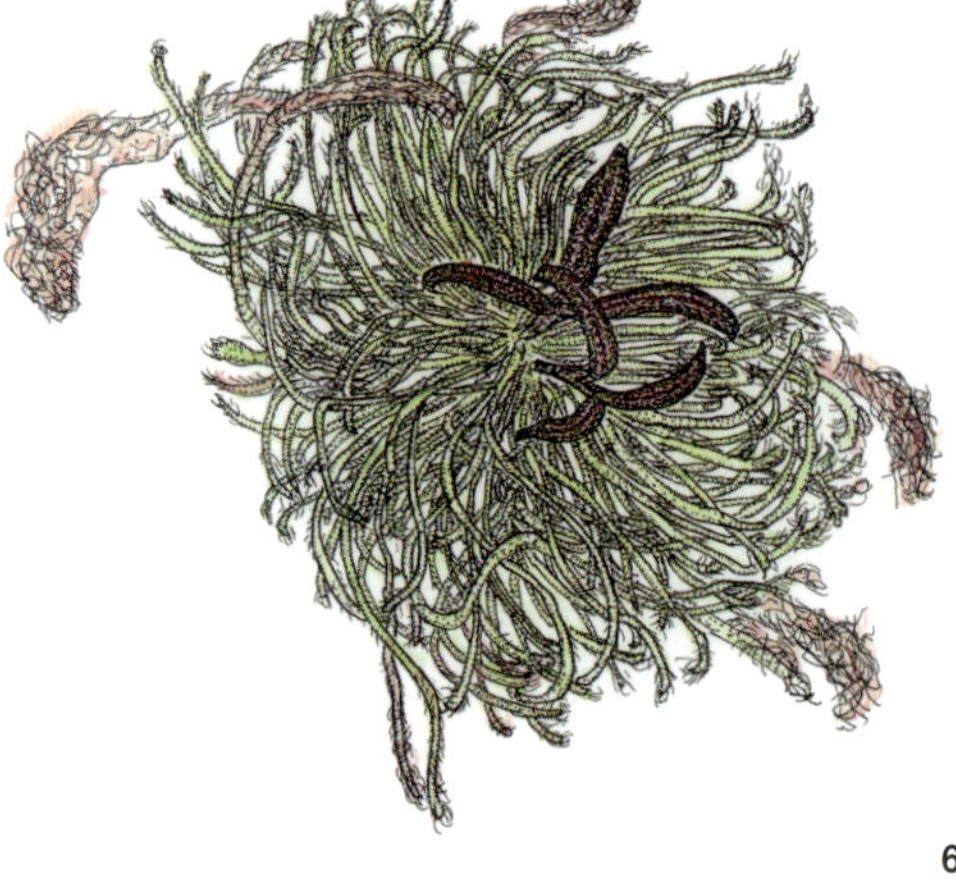

ブナはオス先熟である。1本の木に雄花と雌花を咲かせるが、オスが先に咲く。雄花の葯が開き花粉を飛ばし(上)、しばらくして、雌花の柱頭が顔を出す(下)。自家受粉しないためである。

タネはネズミの大好物である。子葉が開くとすぐに大きく丈夫な本葉を出すが、本葉が開ききるまではネズミの餌食になる（70ページ）。芽生えを観察しようと森の中にタネを播くと全部食べられることが幾たびもあった。金網で厳重に守っても土中に深い穴を掘って侵入してくる。それほどブナの実は野生の動物たちに好まれる。もちろん人間が食ってもウマイ。

天然分布は鹿児島県高隈山を南限、北海道渡島半島黒松内を北限とする。

めだ。

不思議なことに、今どこを見回してもブナの木工品や家具・建具などは残っていない。小学生の机になり、リンゴ箱になり、そして廃棄され燃やされてしまったのである。ブナの巨木の魂たちは今どこを漂っているのだろう。

長い不伐の期間を経て、今またブナは太くなり始めている。しかし、また、同じことが繰り返されない保証はない。ブナの生態や遺伝に関する知識は増えた。今度は、樹への崇敬の念も込めて、ブナ林を管理し、なるべく無垢材として末長く利用していかなければならない。同じことを繰り返す愚は避けなければならない。

材 山寺「立石寺」

材としてよりも山に生えている木のほうが有名です。白い木で少しもろい感じがしますが、削りやすく光沢もあります。ふけが早い木です。そのふけが入ったブナで引き出しを作ったら喜ばれたこともあります。お椀、盆、道具の柄、杓子《しゃくし》、ハンガー、まな板、おもちゃなど身の回りの生活雑貨に大量に使われましたが、いつの間にか

［使用例］ キッチン、テーブル、椅子、食器棚、ドアの鏡板、タンスの前板など。

プラスチックに代わってしまいました。曲木《まげき》の家具としても有名ですし、山形市にある「山寺」と呼ばれている立石寺《りっしゃくじ》のお堂は六割がブナでできていて、日本最古のブナ材の建築物としても有名です。

熟した実はたいへんおいしくて、山形県小国町で作られる「ブナの実羊羹《ようかん》」は絶品！　私は高校の三年間を東北の飯豊山《いいでさん》の麓の学校で過ごしましたが、学校のすぐ裏山がブナの原生林でした。ひとかかえもふたかかえもある大木が、本当に等間隔に生えていて、初めて見たときは人が手を入れたのかなと思ったほどです。ブナの木の下は明るく、キノコがよく生えました。原生林というとうす暗くうっそうとした森を想像していた私には驚きの世界でした。

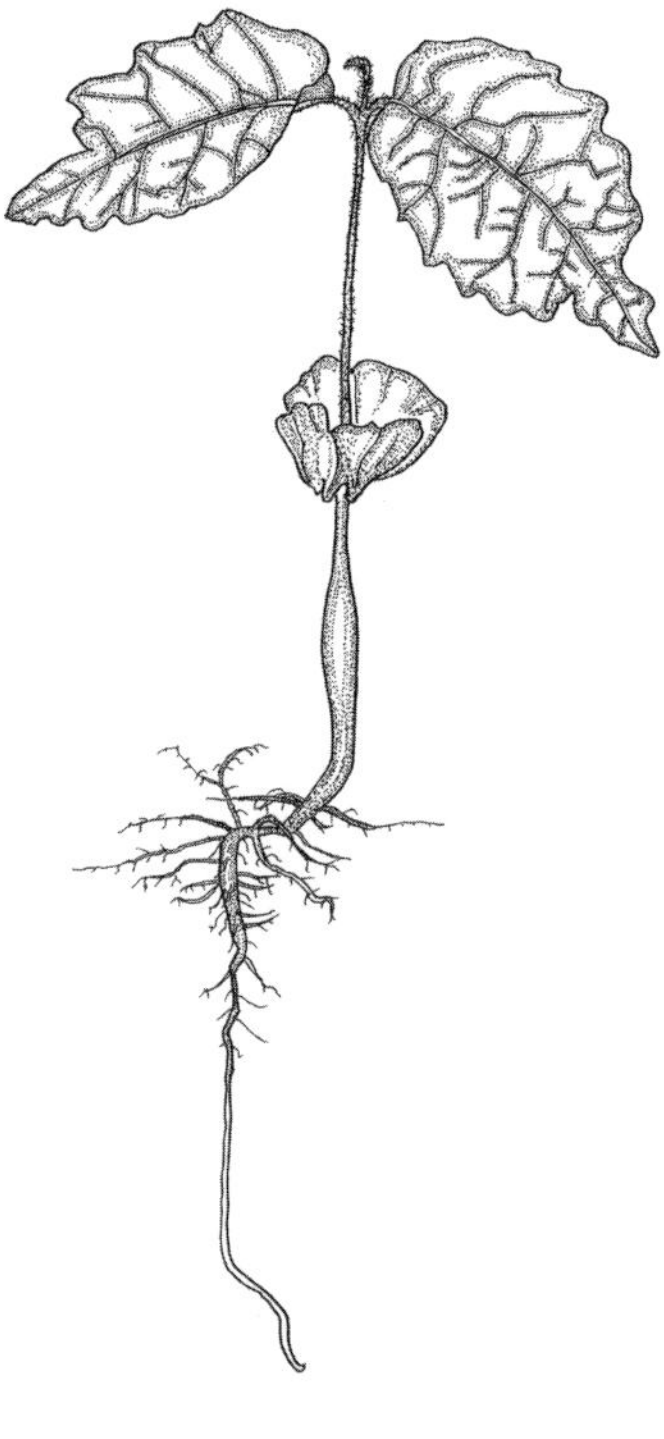

ブナの芽生え

【コシアブラ】漉油

樹　控えめな佇まい

ひときわユニークな秋の佇まいである。ハウチワカエデが橙に染まり、ヒトツバカエデがレモンイエローの鮮やかさを誇るとき、ひとり、コシアブラは抜け殻のような白っぽい姿を見せる。

一般に木々は秋になると葉を落とす前に葉の中の葉緑体の窒素を枝や幹に回収する。すると葉から緑色が消えて、逆に葉に溜めていたアントシアニンやカロチノイドなどの赤や黄の色素が浮き出てくる。それに比べコシアブラは多分、色素をあまり作らないのだろう。白い習字紙のような葉に黒い葉脈が薄く浮かぶ。色のなさが逆に目立って森の中では一目でわかる。目立ちはするものの佇まいは質素で控えめだ。黙って見ていると しだいに、どことなく気品が感じられてくる樹である。

長い葉柄をもつ小葉が５枚放射状に集まったのが１つの葉だ。手のひら状にも見えるので掌状複葉という。春、冬芽の中から、魔法のように大きな掌状複葉が次々と出てくる。見ていると不思議なものである。

米沢では鷹の彫り物「お鷹ぽっぽ」をコシアブラで作る。そして神社に奉納している。鋭利な小刀一丁で彫りあげ、笹野一刀彫といわれる。八〇過ぎの古老に聞いたら、コシアブラは白味が売りなので材は生育場所を選んでとってきたという。よそから来た見習いは刃物が扱えず帰っていった。木々の生態を知り、木材を上手に扱う人がどんどん減っていく。

材

うすい緑がキラキラと輝く

材としてよりも山菜としてのほうが有名で、若芽の天ぷらはすごくおいしいです。ホオノキの緑を少しうすくしたような色でキラキラ輝いています。カンナ仕上がりは良く、狂うこともほとんどありません。北海道では、アブラホオと呼ばれてホオノキの代用として使われています。

伊那の小学校で「昔はこの木から油を採ったそうです」とお話ししたら、一人の生徒さんから「うちのおばあさんは実際に油を採ったことがあるそうです」と後から教えてもらいました。彼女のおばあさんに是非そのお話を

太くなるとしだいに材は緑色を帯び、とてもきれいな材がとれるという。若葉は天ぷらやおひたし、チャーハンの具にするととてもうまい。

しかし、仙台近郊の山を歩くと、枝が折られて丸裸になった１～３メートルの稚樹をよく見る。トゲもなく控えめでおとなしいコシアブラ相手になんという振る舞いなのだろう。自然との折り合いにはすべて節操というものがある。

北海道から九州まで冷温帯林に生育する。

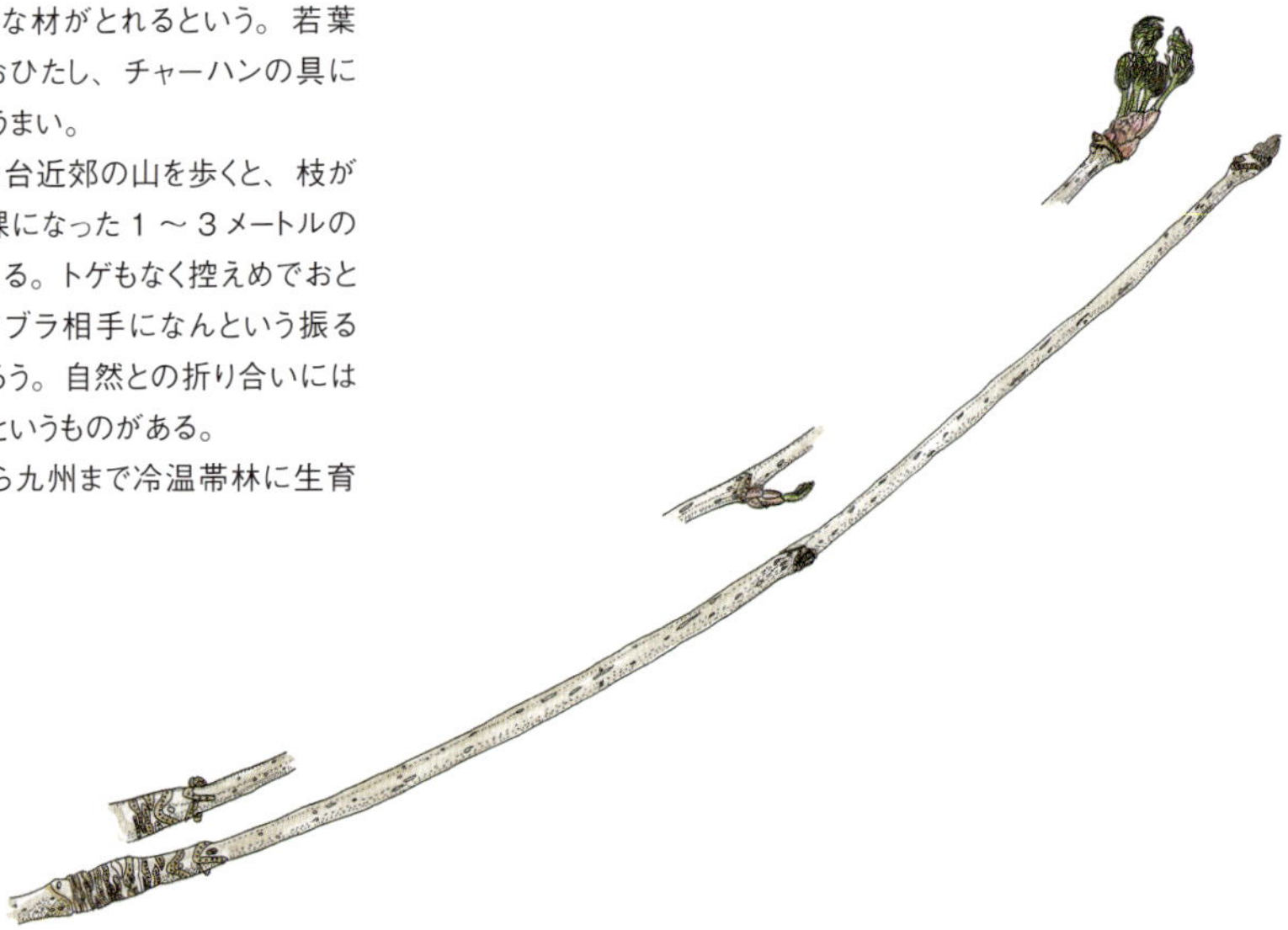

聴きたいと思いましたが、ついにその機会はありませんでした。
うす緑のキラキラしたたいへん美しい木ですので、もっともっと使われてほしいです。

［使用例］ベッド、キッチン、本棚、建具、箱物、テーブル、椅子、トレー、引き出しの前板など。

column 7　遷移に身を任す　人工林の崩壊と再生

家の裏山にはアカマツ人工林があった。一四年前に引っ越したときには一ヘクタールに満たない小さな林は青々としていた。しかし、しだいに樹冠の緑が褪《あ》せ、そして赤くなり次々と枯れ始めた。マツノザイセンチュウが侵入したのだ。

立ち枯れした木にはフジが絡みつき、雪の重みも加わり木々は、かしぎ始めた。さらに、強風にあおられ次々と倒れ、長い幹が互いに折り重なり合った。背の高いアズマネザサも侵入し、林の中はまともに歩けないようになった。アカマツの幹は白色腐朽菌によってボロボロに朽ち土に還り始めている。せっかく人手をかけて造ったアカマツの林は崩壊した。

しかし、つるやササをかき分けて中に入るとヤマモミジやコハウチワカエデ、カスミザクラ、ホオノキ、コシアブラなどが一〜六メートルの高さに育っている。驚いたことにその下にはモミやカヤなどの針葉樹の稚樹も見られる。もう二〇年もすれば広葉樹林に置き換わり、四〇年もすれば針葉樹も混じった針広混交林になるだろう。

このような急激な変化を北海道のトドマツ人工林でも見たことがある。トドマツが台風で倒れ二〜三メートルの高さに積み重なっていた。倒木を渡り歩きながら調査してみるとその隙間から、ヤチダモやホオノキなどの広葉樹がすごい勢いで伸び始めていた。少し遅れてトドマツの稚樹も育っていた。いずれトドマツと広葉樹の混交林、本来のトドマツ天然林に戻るだろう。

これらの事象は、人間が造った一種だけでできあがった林がいかに不安定で危ういものなのかを示している。それ以上に、本来の安定した森林に戻そうとする自然の修復能力の高さに驚かされる。森林の遷移に抗わないで木材を生産するシステムのほうが合理的かつ経済的だということを教えている。

単一種だけを生産するといった無理をしないで、むしろ、自然が創り上げる多様な木々をうまく利用する術《すべ》を身につけることが肝要だろう。

立ち枯れするアカマツと上に伸びる広葉樹

マツノザイセンチュウが侵入しアカマツ林は崩壊しつつある。しかし、さまざまな広葉樹がすでに１～６メートルの高さに育ち、その下にはモミやカヤなどの針葉樹の稚樹も見られる。間もなく広葉樹林になり、いずれ針広混交林になるだろう。

【ツバキ】椿、ユキツバキ

樹　深みを増す材色

ヤブツバキは青森から西表島まで生育する。主に照葉樹林に生育する最大樹高一〇メートル程度の常緑樹である。本州中部以北には近縁のユキツバキが内陸に見られる。

ヤブツバキの花が咲くとメジロが来るという。蜜を吸いに、それに花粉を食べにやってくるのだという。花から花へ移動するたび体についた花粉を運ぶ。ヤブツバキは鳥媒花である。メジロは花粉を三〇〇メートル以上運んでいるらしい。随分と遠くまで花粉を運んでいるものである。そのかわり、種子は重いのでアカネズミはあまり遠くへは運んでいけないようだ。平均するとほんの五、六メートルほどだそうである。

子どもの頃、ユキツバキの木に登って遊んだ。その頃はとても巨大に思えた。丸々とした枝に手をかけると、ザラザラした肌触りが子どもの頃の記憶を鮮明によみがえらせた。幼馴染と枝の隙間に板を敷いて縄で留めた。今で言えばツリーハウスだ。木の上に重箱を持ちこんで互いのおかずを突ついた。何を食べたか思い出せないが爽快な気分だけは思い出す。今は、四方に伸びた大枝はばっさり切られ、小さくなったように見えたが、幹はますます太くなって根元の直径は四〇センチを超えていた。

宮城県の鳴子温泉は木地師の町だ。あちこちでろくろが回り、鑿《のみ》が木屑を飛ばしている。尿前《しとまえ》の関《せき》近くで珍しい色合いのお雛様を手に入れた。ずいぶんと落ち着いた色をしている。ユキツバキで作ったという。毎年飾ってもう二〇年にもなるが、年々焦げた茶色が深みを増してくる。年とともにユキツバキ本来の風合いが現れてくる。

材　雪解けの頃に咲く

見本として事務所の壁にぶらさがっていますが、未だこの木で製品を作ったことはありません。硬い木です。

高校三年間すごした山形県小国町には、ユキツバキがブナの森の道沿いにたくさん生えていました。春、雪解けの頃に咲くツバキの赤い花はとても印象的です。

ツバキには品種が星の数ほどあり、きれいな花色が愛でられている。だが、木材も深みのある色合いをもつことはあまり知られていない。

【ニガキ】苦木

樹 水を入れたコップ

ニガキの小丸太をくり抜いて作ったコップを見たことがある。北海道道有林の独身寮では、酒を飲んだ日の晩に水を入れておき、翌朝、にじみ出た苦み成分を飲み干していた。どんなに飲んでも元気よく山に出かけることができるのだそうだ。

材はオレンジがかったとてもきれいな色だ。細工物に使われてきたらしいが、店で売られている物はまだ見たことがない。日本中に分布するが数が少ない木なので、なくならないようにして利用していけばとても素敵な木であることは間違いない。痛飲してニガキに世話になった人は、その繁殖や更新メカニズムを解明してニガキが絶えてしまわないように一肌脱がないといけない。しかし、昔の若者も皆、年を取りすぎたようだ。

ニガキがどのように花を咲かせ、誰が花粉を運ぶのか。種子はいつどこで発芽し、実生はどこでどのくらいの速度で大きくなるのか。生活史の解明はこれからの若者に託される。昔の若者にできることは古いニガキのコップを用意して、無軌道な乱伐を振り返り持続的な林業の大事さを若者たちに示すことである。

材 目を引く橙色

材は橙色、たいへん目を引く、個性的な色です。かたくて重い。カンナ仕上がりはいいです。おが粉は作業中によく口の中に入りますが、名前の通り苦いです。

上伊那森林組合では年一回、薪用材を一般の人に売り出すのですが、その中にニガキが一本入っていました。あわててその一本だけを買いました。直径二〇センチくらいの木でした。明治時代の本によると、樹皮は染料に使ったり、薬用として駆虫剤にも使ったようです。

【使用例】ドアの鏡板、引き出しの前板など。

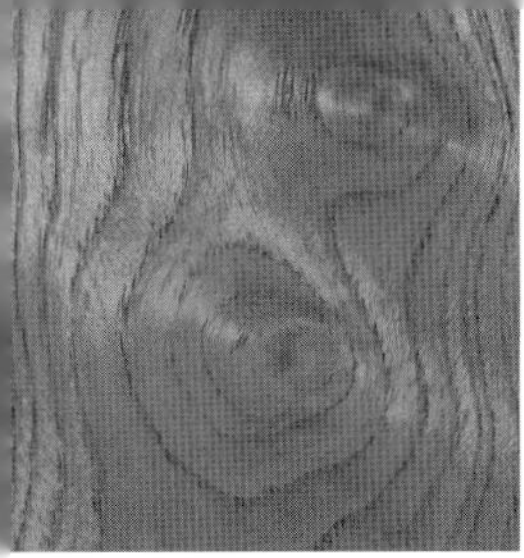

葉柄がほとんどない小葉を葉軸の両側に４～６対並べる。羽のように見えるので羽状複葉という。羽状複葉の先端に小葉が１枚プラスされ奇数枚となるので奇数羽状複葉と呼ばれる。冬芽には芽鱗がない。いわゆる裸芽である。

北海道から九州まで、朝鮮半島、中国、ヒマラヤにも分布する。

【アズキナシ】小豆梨

樹

素朴で可憐な立ち姿

なぜか惹かれる木である。東北の奥深い森ではブナやミズナラなどの太い木に混じり、数も少なく太くもなく目立たない木である。しかし、花が咲いたときと実がなったときは別である。

五月にはとても清楚な白い花を咲かせる。五枚の花弁をもつ小さな花が十数個集まった半球形の花序が上を向いて咲く。秋には小指の先くらいの赤い梨のような実をつける。小豆を少し大きくしたくらいなので小豆梨という。赤い実に白い斑点があり、遠くからでもよく目立つ。そして、とても可愛らしい。花の頃も実がなる頃も立ち姿が可憐で、森の素朴な娘さんといった風情である。

晩秋にはきれいに黄葉する。四季折々、とても美しいのでもっと身近に植えても良いと思う。狭い公園や自宅の庭にもお勧めだ。家具や建具を作って身近に置いてお

開花して間もなく、花弁の内側が薄紅色に見えるときがある。しかし、ほんの一瞬である。
北海道から九州まで見られ、朝鮮、中国、ウスリー地方にも分布する。

くのも良いだろう。「灰桜色」とも「香色《こういろ》」とも見える板目を眺めていたら、森で花を咲かせ果実を実らせていたときの姿がきっと目に浮かぶことだろう。きっといつまでも大事にしたいと思うだろう。

材

色も雰囲気もいい木

うすい褐色で木目はおとなしい。材は緻密で重いほうの部類に入り、カンナ仕上がりはいい。梨類に特有な穏やかさをもつ木です。心材と辺材の対比が美しく、ある程度硬いので艶が出ます。ただし量はあまり出ません。

主張はしないが個性はしっかりもっていて、削るとドライフルーツのようないいにおいがします。色も雰囲気もいい木なのでもっともっと使われていいと思います。

[使用例] 椅子、キッチン、洗面台、建具の鏡板、ランチョンマット、食器棚など。

column 8　杢いろいろ

杢がどうして、どのようにできるのかというのはよく知りません。木はいろんな自然条件の中で成長するわけですから、怪我をしたり病気になったり、変形したりします。その痕跡が杢の一部だと思います。どう見ても病気じゃないかなと思う杢もあります。コブコブのできた木をよく見かけますが、そのコブを製材すると杢が出ますし、根っこや、斜面でふんばって成長している木にも出ます。

また杢には特に規定はないようで、いろんな名前がついています。杢として評価された木は銘木《めいぼく》と呼ばれ、非常な高値がつきます。

以下、代表的な杢を紹介します（カラー写真は口絵参照）。

中杢《なかもく》（中板目《なかいため》）

普通によく見る板目です。私たちはタケノコ目《め》と呼んだりします。

◎ケヤキ

玉杢《たまもく》

銘木の代表格です。丸い玉のような輪がうずまいているように見えます。太くて年をとったケヤキによく出ます。ケンポナシ、タモにもよく出ます。大きな玉、小さな玉、ところどころに出る玉など、いろいろです。

①ケヤキ　②トチ　③タモ　④タモ（③）左の杢の断面

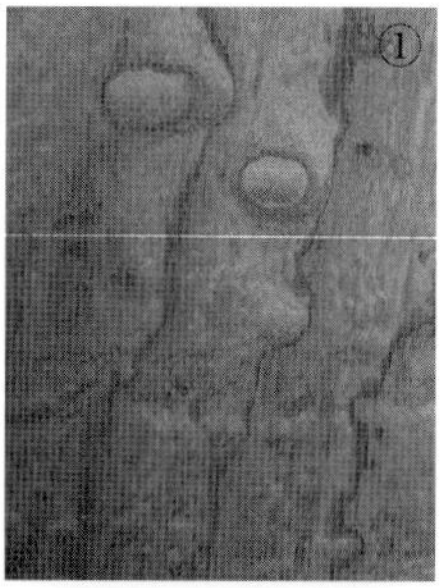

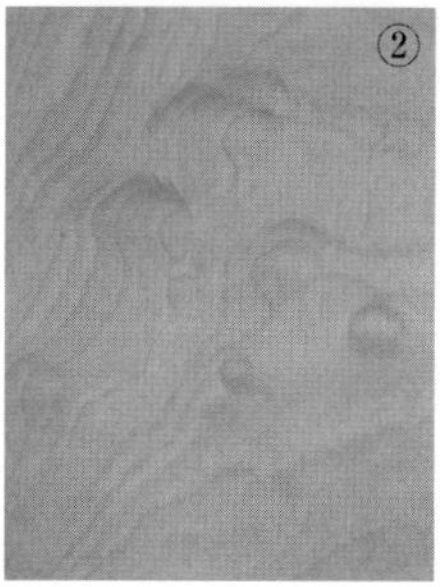

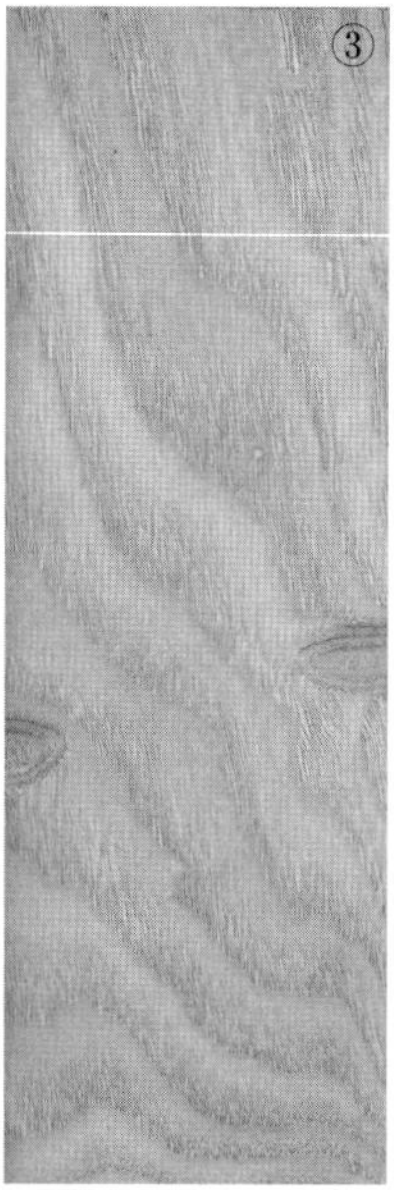

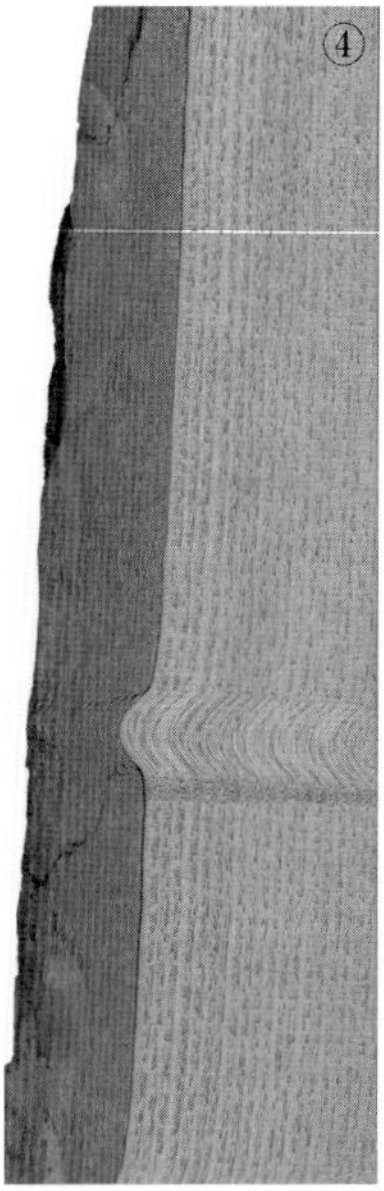

縮み杢

横縞《よこじま》の杢です。横縞がより細いものを縮緬《ちりめん》杢とも呼びます。見る角度を変えるとよくわかります。どんな木にも、まっすぐの木にも出ます。

①エノキ　②スギ　③④トチ

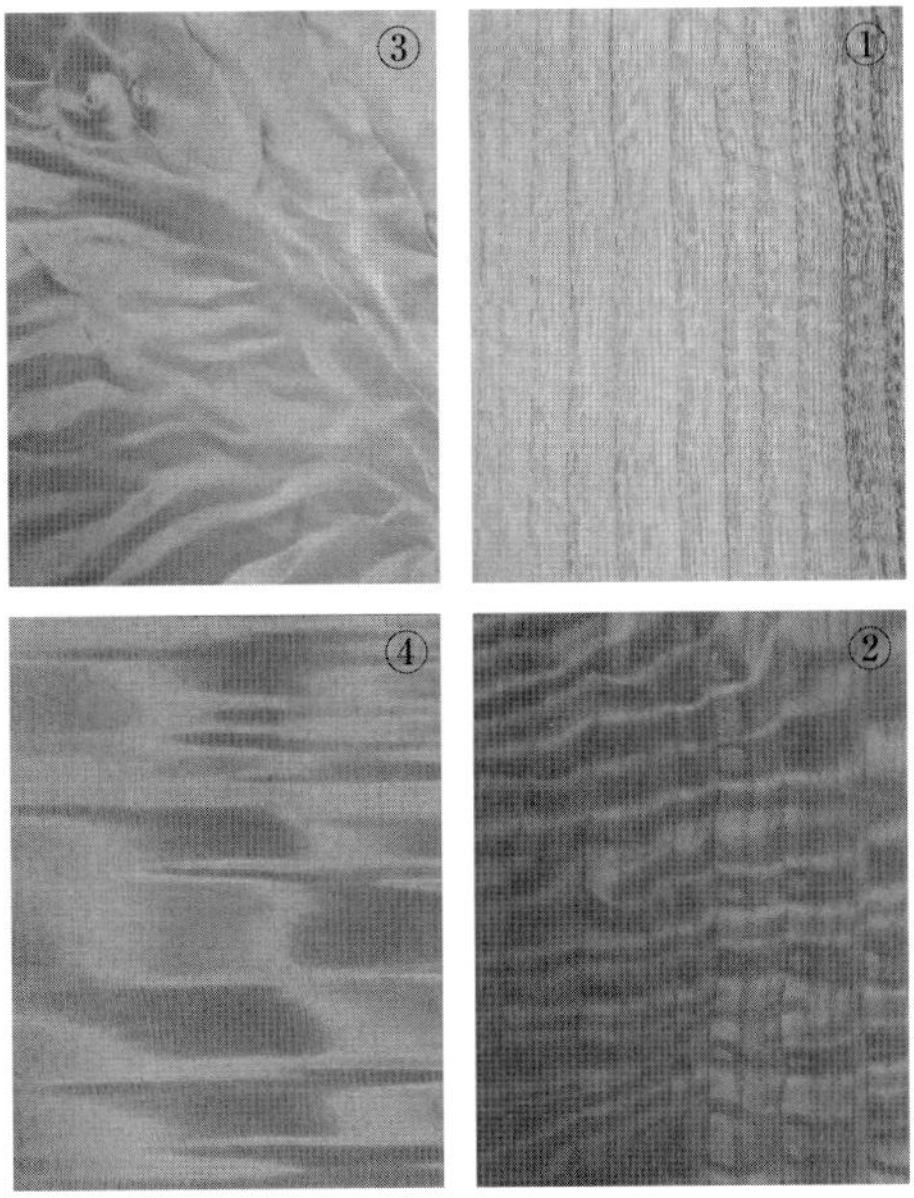

笹杢

紋様（あるいは模様）が笹の葉っぱに見えるところから名づけられたのでしょうか。

◎神代スギ

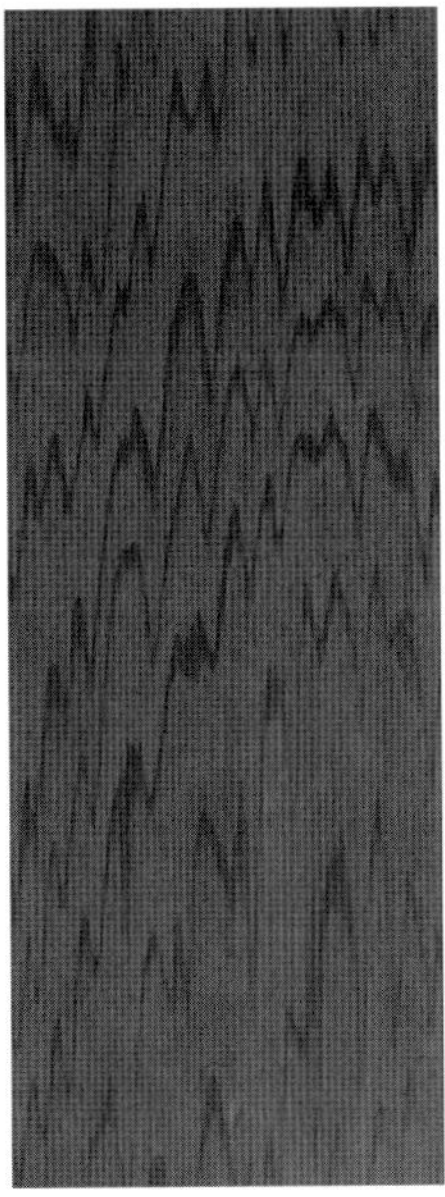

ブドウ杢

ブドウの房のように見えます。

◎トチ

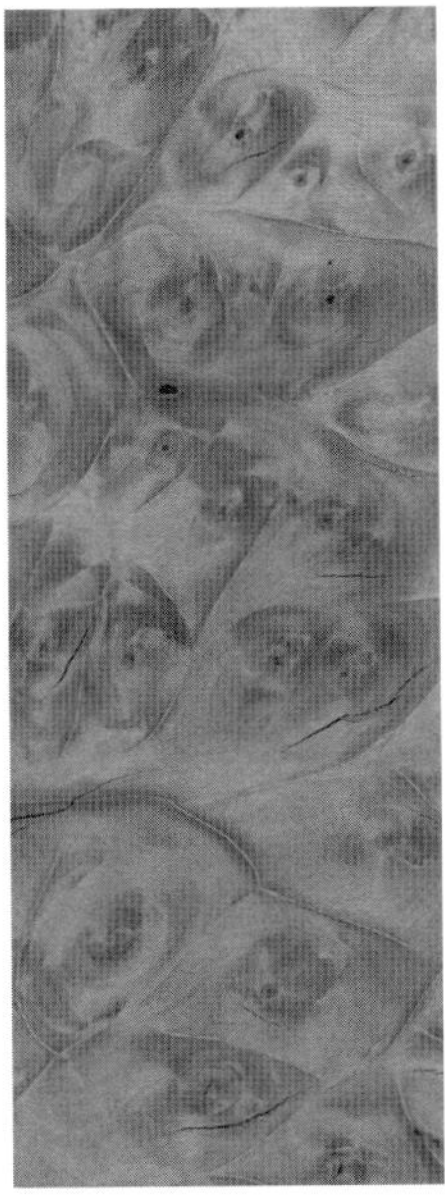

コブ杢

文字通り木のコブの部分を製材すると出ます。コブはある種の奇形なのでおもしろい杢が出ます。もくもくとした感じです。

◎ミズナラ

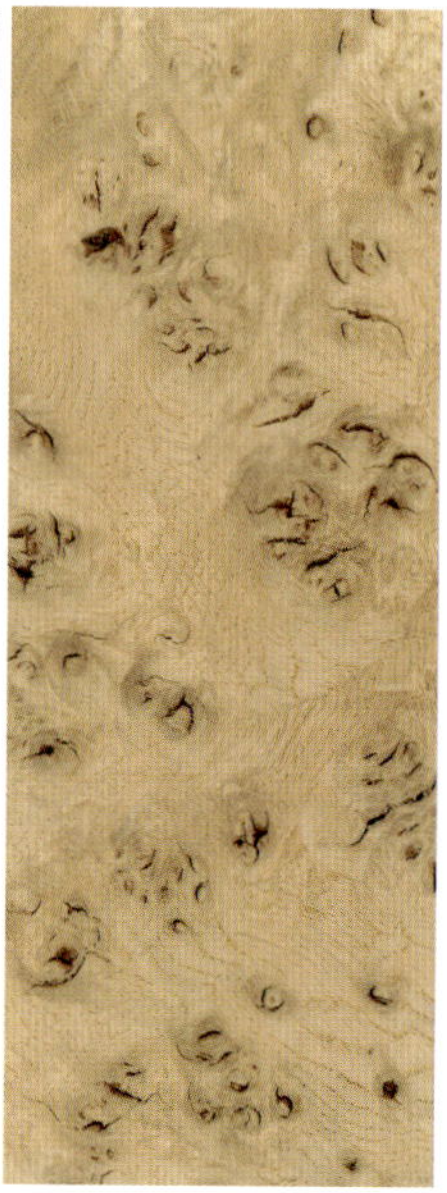

鳥眼《とりめ》杢（バーズアイ）

鳥の眼のように見えるからでしょうか。

①②イタヤカエデ

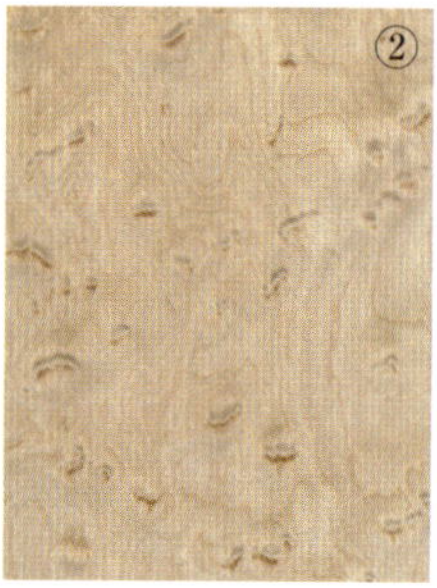

根杢《ねもく》

木の根、または根に近いところから出ます。左の写真は木曾ヒノキの根っこです。大木を支えるためにふんばった感じがよく出ています。ヤニが多く含まれていますので脂檜《やにひのき》とも言われています。

◎ヒノキ

蜂の巣杢

蜂の巣のように見えるので、私のところではそう呼んでいます。

◎ケヤキ

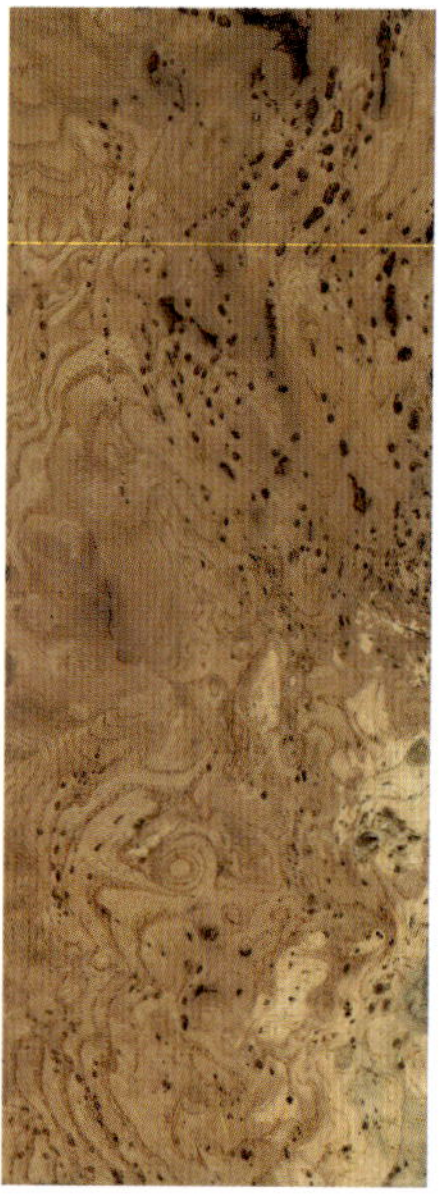

虎斑杢

ミズナラ、クヌギ、カシ類の柾目の面に出ます。虎斑杢とは呼ばず、多くの場合、単に虎斑と呼びます。虎の斑紋を連想します。角度を変えてみると銀色に見えます。

虎斑は、真っすぐの木から多く出ます。

①カシ　②クヌギ　③ミズナラ　④ブナ

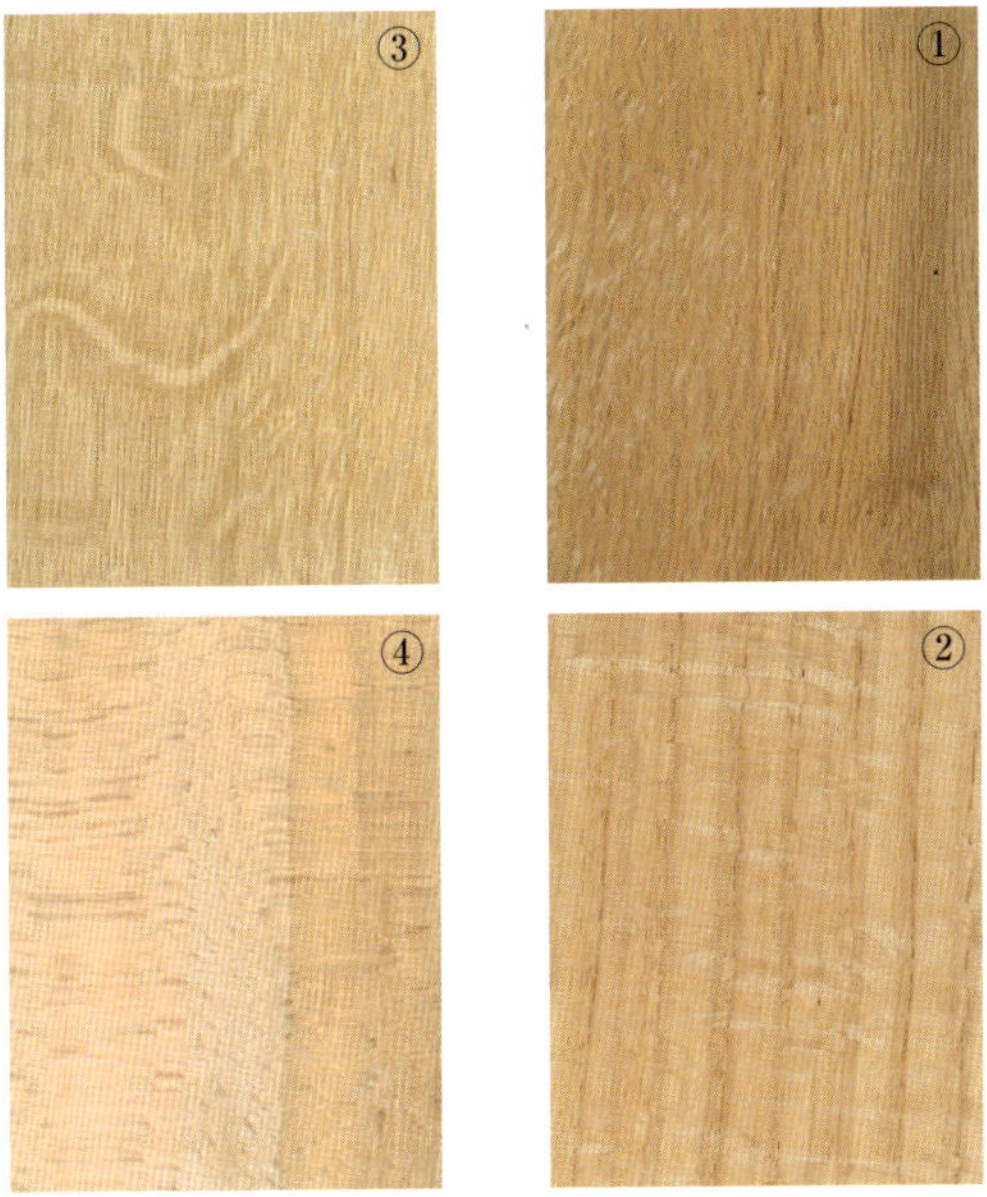

○○○杢

ヤマザクラから出た杢です。これは何杢と言ったらいいでしょうか。読者の皆さんは何に見えますか？

杢は人によって感じ方も違いますし、見え方も違います。いろんな表情を見て何杢かなと楽しむのが一番いいかなと思います。人が言うから、ではなく、自分で見ていいと思うことが大事なのではないでしょうか。

自然は素晴らしいものを作るものだとつくづく思います。私たちの感性が試されているような気がします。

【ハクウンボク】白雲木

樹 ブナ林に花を見に行く

花を見るためだけに山に行きたい樹である。よく公園にも植えられているが、四方八方に出した枝にたくさんの白い花をつけている。それはそれできれいだが、やはりハクウンボクは森の中で見るほうが断然いい。特に奥地のブナ林で見る姿がスッキリしていて爽やかである。

ハクウンボクはあまり背が高くならず、高さ一〇メートルから一五メートルくらいの亜高木である。樹高二五メートル以上もある大きなブナが天を覆うように太い枝を張り出し樹冠を広げている、その下で、ハクウンボクはブナより数段細い枝を広げている。その枝振りがとてもきれいだ。下から見上げると互いの枝が重ならないように幾何学的に配置されている。それも特有の穏やかな丸いカーブを描いて

ハクウンボクは枝ぶりも花も、ぶら下がっている果実の姿も良い。特に奥深いブナ林で大樹たちの下で佇む姿が印象的である。北海道から九州まで、朝鮮半島、中国にも分布する。

いる。

森の中では花の数も多くない。クリーム色っぽい白い花が、人知れず楚々として咲いている姿は離れがたい。

材　サクラに似た感じ

「ハビロ」という名でときどき北海道から少量入ってきます。材は量を扱っていないので正確なことは言えませんがサクラに似た感じです。明治時代の本には、実から油をしぼってローソクを作るとあります。こけしや将棋の駒にも使われているようです。

【使用例】 薬タンスの前板。

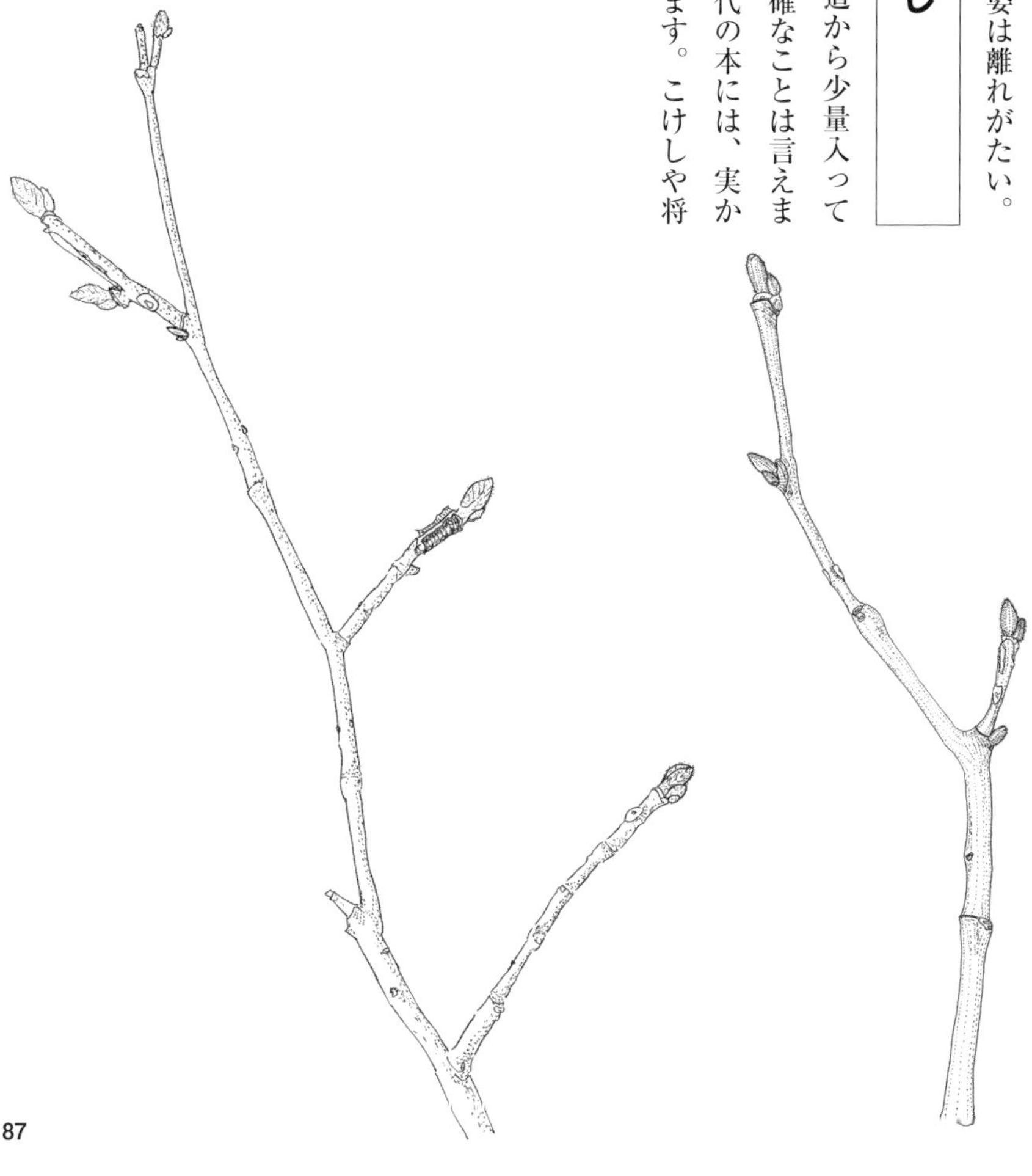

老熟した森で生きる

【シウリザクラ】

朱利桜

樹 根を伸ばして繁殖する

花はウワミズザクラとよく似ている。小さな花が筒状に集まった総状花序をつけ、花序は咲くときは上を向いたり横を向いたりしているが、果実が成熟する頃には横か下に下がってくる。花序はウワミズザクラより少し大きめである。

シウリザクラは種子繁殖だけでなく、栄養繁殖もする。根を水平に伸ばし繁殖する。大きくなると根をどんどん横方向に伸ばす。伸ばした根の途中で新しい芽を作り、そこから地上部へ子どもを送り出すのである。幹の周り半径八メートルを掘って調べた例では、九方向に伸ばした根から、合計一八個の萌芽を出していた。さらに親から栄養をもらってどんどん伸びていく。六〇メートル離れた木がそれぞれ同じＤＮＡを持ち、それらは同一クローンだった

山から採ってきて裏庭の斜面に植えたシウリザクラの実生。先端がカモシカに食べられている。葉が枯れたりして10年経っても高さは30センチほどにしかならない。しかし、横に伸ばした根から2本の地上幹を出している。

北海道から中部地方以北の冷温帯、亜寒帯に見られ、サハリン南部やウスリータイガ、中国東北部などにも分布する。

という報告もある。根はかなり長く伸ばすのかもしれない。それとも娘の娘といったように何世代にもわたって伸ばしているのかもしれない。冷温帯の森ではポプラの仲間のヤマナラシも同じような振る舞いをする。

材 時間とともに濃くなる色合い

赤褐色の木で、ヤマザクラよりも濃い色です。ヤマザクラよりもおとなしく、カンナの仕上がりもいいです。時間が経つにつれ色が濃くなっていきます。以前はカツラのような、おとなしくて色が濃く、辺材もほとんどない木が大量に出ましたが、この頃そういう木はあまり出なくなりました。

狂いがないので何にでも使えます。ヤマザクラのようないいにおいはしません。ヤマザクラとシウリザクラの木目はよく似ているので、私たちはにおいで判断することもあります。

［使用例］テーブル、椅子、洋服ダンス、キッチン、食器棚、下駄箱、洗面台など。

秋の終わりの成木に残った葉。虫に食べられ病気にかかり散々な様子だが、きれいに紅葉している。

【カクレミノ】

隠蓑

樹 温暖化のカクレミノ

あるはずがないカクレミノを裏山で見つけた。スギ人工林の暗い林床に何本か生えていた。東北南部以南、または千葉県南部以西の日本、朝鮮半島南部や台湾にも分布する暖温帯系の常緑広葉樹だ。多分、仙台の街中にもよく植えてあるので果実を食べた鳥が運んできたものだろう。冬も越しているので、いずれ大きくなりそうだ。これがもし温暖化の影響だとすれば、東北にも常緑広葉樹が茂って森は暗くなってしまう。

温暖化防止の処方箋の一つは、無垢材を末長く使うことである。分厚い無垢材の土台、柱、床板、壁板、天井板、家具、建具、おもちゃ、そして日常の道具として何十年、いや、何百年と使い続ける。つまり、木でできたものをたくさん使うことによって炭素を街で固定し続けるのである。その間も森の樹々は二酸化炭素を固定し大

質感のある葉は丸みを帯びてツヤツヤしている。この絵は筑波にある森林総合研究所の樹木園の、樹高８メートルほどの成木の葉である。

きくなっていく。切った木を薄いベニヤ板や突き板などにすれば、すぐに飽きて捨てられ、二酸化炭素として放出されてしまう。それでは効果が薄い。

もっとひどいのは再稼働されるようになった原発だ。木材由来の二酸化炭素は大気と森を循環するが、原発から出る放射性廃棄物は循環できない猛毒である。その処理過程で生じる膨大なエネルギーは温暖化を限りなく「促進」しているだろう。きわめて短期的な発電効率で原発と他電力とを比べているが、猛毒そのものの保持・処理・処分・汚染対策・警備などの周辺領域まで含めたエネルギーだけでも相当なものだろう。さらに日本列島が自然災害頻発地帯であることを考えると、福島第一原発に加え新たに他の原発が事故を起こした際の事故処理費用や賠償額などは推定すらできない。すべてのコストを公表すべきである。きっと、その無駄で膨大なエネルギーが地球温暖化を爆発的に促進しているのが実態だろう。一度事故が起きればそのくらい計算できるのかと思ったらできないらしい。温暖化に関わる計算のことだからカクレミノに聞いてみたらいいかもしれない。地球の生き物たちを代弁して真実を教えてくれるだろう。ただし、俺の名前は出すな、と言われるに違いない。「原発は温暖化防止の切り札だ」などといったイカサマを覆い隠す「カクレミノ」に使われるに違いないからだ。

スギ林のカクレミノを見ていると、原発のない、明るい落葉広葉樹の森が世界の冷温帯にいつまでも続いていくことを望まずにはいられない。

材

おとなしい薄緑

名古屋の現場で宅地造成のため切られて、横になっていました。長さ九〇センチ、直径一五センチくらいのものを二本いただいてきて、製材して使ってみました。

材はうすい緑色でやわらかくておとなしい感じです。カンナの仕上がりはいいです。

【使用例】 小ダンスの前板。

column 9　自生山スギ天然林　ブナと共存する森

立派なスギの天然林が宮城・秋田の県境にある。スギ林といっても広葉樹が半分混じっている。ブナが最も多く、ミズメ、イタヤカエデ、オオヤマザクラ、ミズナラなどが見られる。

しかし、スギと広葉樹の混交林だとは遠目にはわからない。ただ、春と秋は別だ。春早く、黒っぽいスギの間でブナの薄緑色が萌え出し、秋にはスギを背景に燃えるような赤や黄色が浮き立つ。針葉樹と広葉樹のくっきりとしたコントラストが山全体に際立って見える。スギ人工林を日本の原風景と言った評論家がいたが、そう思わせたのはつい最近、戦後のことに過ぎない。本来、スギ林は他の針葉樹や多くの広葉樹と混じった、とても美しい森なのである。

自生山のスギ天然林では直径一メートルほどのスギとブナが混ざり合っている。それだけではない。次世代を担う若木も稚樹も幼木もほぼ同数更新している。スギもブナもどちらも絶えることなく生き残っていくだろう。驚いたことに、スギの稚樹の根にはアーバスキュラー菌根菌、ブナやミズナラの稚樹には外生菌根菌が共生していたのである。

スギの人工林を調べるとそこにはアーバスキュラー菌根菌しかいない。ブナは外生菌根菌がいないのであまり大きくなれない。しかし、スギ天然林には、スギだけでなくブナと共生する外生菌根菌が存在し、ブナも健やかに育っているのである。

稚樹は菌根菌に光合成産物を供給し、菌根菌は土壌中に広く張り巡らされた菌糸から栄養分や水分を根を通して稚樹に送っている。地下で根と菌糸が混ざり合いながら互いに健やかに育っているのである。スギ天然林では、スギと広葉樹が互い

自生山の冬景色　山腹に広がるスギ天然林
スギと広葉樹がパッチ状に、時に単木的に、混じり合っている。ここにはキツツキもカモシカも住んでいる。もちろんツキノワグマもいる。クマは夏はサクラ、秋はブナ・ミズナラの果実を食べることができる。食べ物が何もないスギ人工林をこのような森に再生し、次世代を更新させながら、スギも広葉樹も少しずつ利用していくことができれば林業もたいしたものである。森を壊さずクマと共存しながら永く続けるのが本来の林業だろう。

に喧嘩せず、モザイク状に混じり合って更新し、安定した生態系を作っている。これが本来のスギ林の姿なのだ。

【コブシ】辛夷

樹　時を超える白さ

コブシの種子は森の中で何年も休眠する。木が倒れてギャップができるのを待っている。ギャップができ陽が差し込むと昼は温度が上がり、夜は冷える。コブシの種子はギャップができたことを、この温度変化（変温）で知る。

明るい光よりも変温に応答して発芽するのには理由がある。ギャップができても土の中の深いところには光が届かず、光にしか反応できないのではせっかくのギャップを検知できない。だから土中数センチまで届く変温に応答して発芽するのである。幸いコブシは少しぐらい深いところで発芽しても、種子が大きいのでその馬力で地上に顔を出すことができる。親木は巧妙な仕組みを種子に仕込んでい

早春の森を歩く。ウワミズザクラの稚樹やツリバナが葉を開き始めているが林冠木はまだ葉を開いてはいない。森は林床から上層に向けて薄緑色に染まっていく。

遠くにコブシの花が咲いている。近づいて見上げると、伸び伸びと気持ちよさそうに枝を広げている。北国の薄い水色の空を背景に純白の花があちこちに咲き始めていた。

日本では北海道から九州まで、韓国の済州島にも分布する。

る。「明るい場所を見つけて、ちゃんと子ども（芽生え）が大きく育ちますように」、親の祈りが聞こえるかのようである。

毎年、雪が解けると森の調査が始まる。目当ての木を探し森の中を歩き回る。そんなとき、樹冠いっぱいに白い花を咲かせているコブシに出会う。薄い水色の空を背景に純白の花がとても眩しく見える。ずっと見上げていると、時間が止まったように懐かしい気持ちになることがある。北海道の山の中でキタコブシの白い花を初めて見た若い頃の気分がよみがえってくる。コブシの花には時間を超えた美しさが宿っている。

材　うすい緑色

花としての「コブシ」は知られていますが、材を見たことのある人は少ないと思います。色は緑色を少しうすくした感じで性質はホオノキそのままです。ホオノキ同様削ったときのにおいはあまり良くありません。以前、キッチンの引き出しにこの木を使ったらそのあまり良くないにおいが引き出しの中にこもってしまって、大変な目にあいました（時間がたてば、においはなくなるのですが）。

皮付きのまま茶室の床柱に使われます。山には意外と太い木があります。なんといっても早春に咲く白い花が印象的です。東北地方にはこの木に似たタムシバ（ニオイコブシ）という木がありますが材になってしまうと区別がつきません。どちらも一緒にコブシとして扱っています。

【使用例】キッチン、本棚、ドアの鏡板、テーブル、椅子、タンスの前板など。

【ホオノキ】朴の木

樹 昔からの友達

どことなく南国風の樹だ。ゆったりと開く大きな葉。長い間次々と開き続ける大きな花。茜色の野太い果実からぶら下がる朱色のタネ。ガサリと音を立てて落ちる葉。一つひとつの振る舞いが大雑把でゆったりとしている。見ているだけで、なにかゆったりとした気分になる。友達にしたい樹である。

初夏のうっそうとした森の中でホオノキを探す。大輪の白い花や灰白色の幹、大きな葉を目印に探す。しかし、その前に鼻でわかることがある。とても良い香りが漂ってくるからだ。五〇メートルほど離れていてもわかる。だから蜜を出さなくとも甲虫などが花粉を運んでくれるのだろう。

深い森の中で香りを頼りに太いホオノキを見つけると

２枚の托葉がくっついた芽鱗が開き、大きな葉が５～６枚次々と輪のようになって開く。しばらく間をおいて再度大きな葉を何枚かゆったりと開く。

開き始めた若い葉はとても透き通った赤みがかった薄緑色だ。食べたくなるような色合いである。

緑色の蕾《つぼみ》が膨らみ芽鱗が外れると、赤紫の萼片の合間からクリーム色の花弁が開きだす。花弁の先が少し開き始める頃、中では雌しべがすでに開いて花粉を受け取る準備ができている。

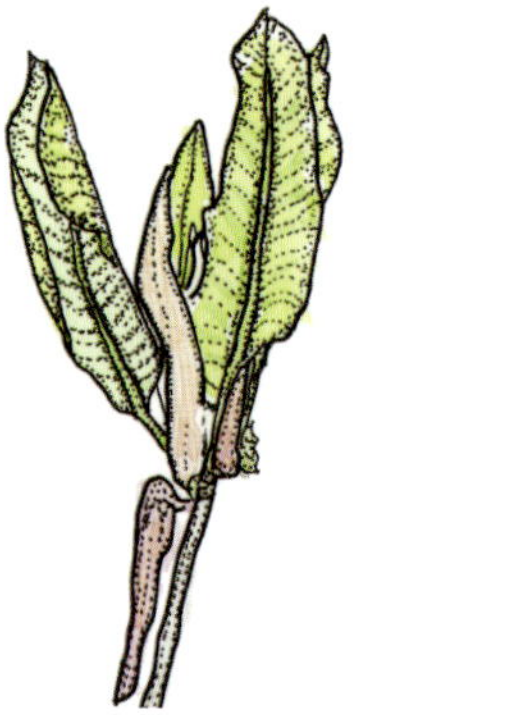

嬉しくなる。古い友達に再会したような気分だ。街にも植えてみたらどうだろうか。街ゆく人たちも少しだけホッとするかもしれない。とてもおっとりした樹だ。

材　すてきな緑色のドア

きれいな緑色の木です。材は日本の木の中で最もおとなしい感じです。狂いもほとんどありません。カンナ仕上がりもいいです。版木に使われます。小学校でよく版画を彫ったことを覚えています。東北地方に行くと「ホホ」と呼んでいます。明治時代の本にも「ホホノキ」とありました。

この木でドアを作ったらすてきなものができました。葉っぱは、朴葉巻き、朴葉味噌など料理にもよく使われます。大きくてきれいな花が咲きますが、下から見上げると大きな葉に隠れてしまい気がつかないことが多いです。

［使用例］テーブル、椅子、のし板、ドア、トレーなど。

花弁が開ききった頃には雌しべは閉じて、今度は雄しべが開き花粉を飛ばし始める。

個々の花の寿命は２日くらいと短い。しかし、大きな花が次々と咲き続け、１ヶ月近くも花見ができる。庭か公園に植えたら香り漂う豪勢な花見が毎日できる。

鹿児島から南千島までの冷温帯林で見られる。

【マユミ】真弓

樹

華やかな変身

花が咲く姿は線香花火のようにはかなげである。枝分かれした花軸の先に小さな花がパラリ、パラリと離れて咲く。春の終わりに咲く花は緑色でずいぶんと地味である。

秋になるとその中の数個がピンクに熟し、果実が枝にぶら下がる。果皮が割れて中から真っ赤な果肉(仮種皮)に覆われたタネが顔をのぞかす。春からずっと地味だった木が秋になると俄然目立ち始める。

多分、鳥に合図を送るためなのだろう。マユミのタネはタネの割には仮種皮の部分、つまり鳥にとっておいしい果肉部分が少ないのであまり好まれないようだ。ミズキやキハダ、ウワミズザクラなどが熟した端から鳥につつかれているのとは大違いだ。

だから、派手な果実に派手な種子を陳列して鳥を呼び

花は緑色で目立たない。しかし、細かく分かれた花軸の先端で咲く姿は線香花火のようでおもしろい。秋に成熟した果実は４つに割れて、中から派手な仮種皮に包まれた種子が現れる。地味な春の姿に比べ華やかな変身である。

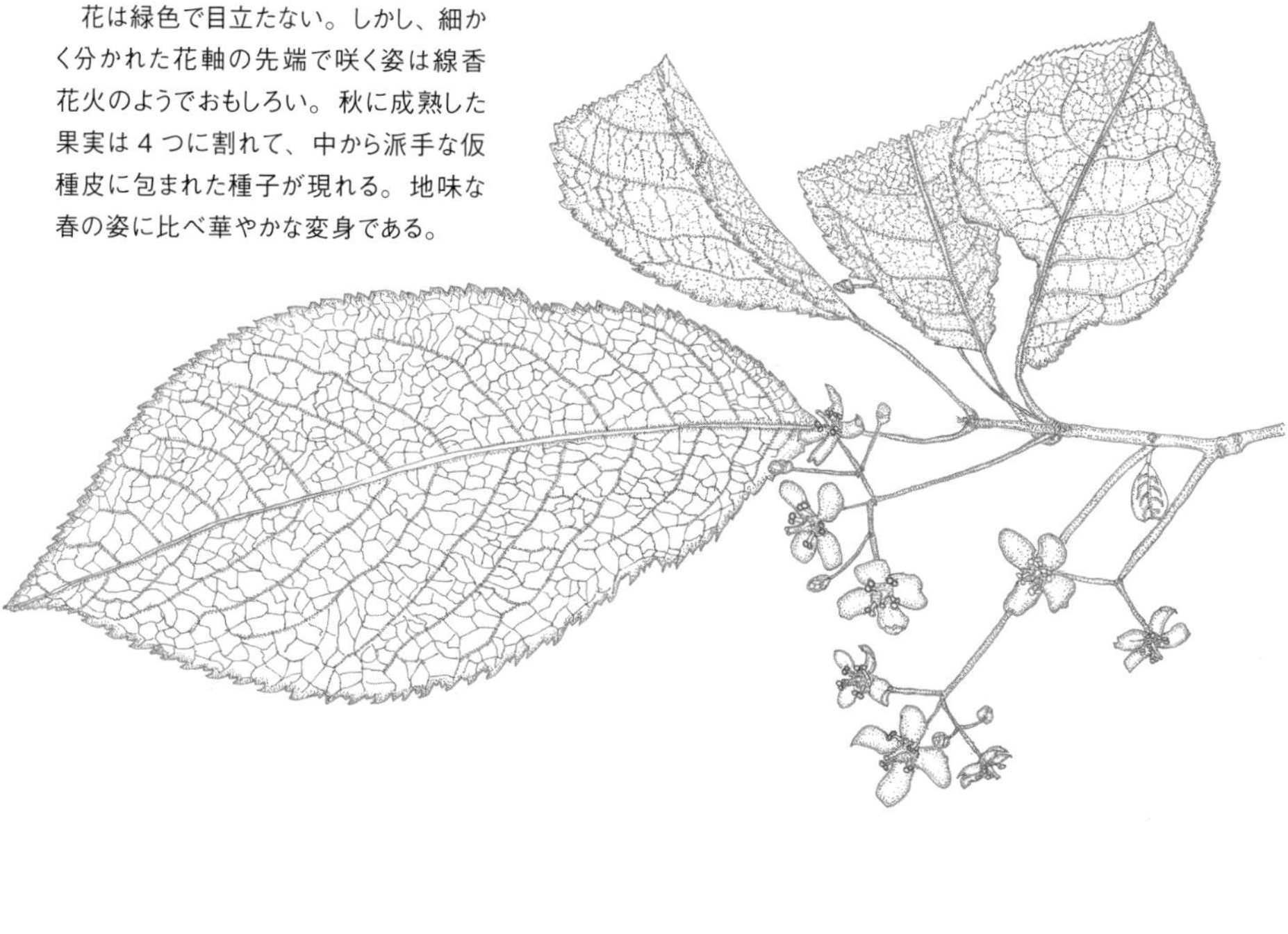

込もうとしているのだろう。葉も濃い紅に染まり春には予想もできない変身を遂げる。

材　よくしなる

あまり太い木ではありません。よくしなる木ですので弓に使われたようです。うすい茶色でカンナで仕上げると光沢があります。木曽で漆を塗っている塗師に聞いたら漆塗りのヘラはマユミだと言っていました。先を薄くしても割れないし、よく曲がって具合がいいそうです。

弾力がありますので雪国では輪かんじきを作ったようです。私も山形県小国町の山奥（積雪三～五メートル）に三年いましたので、村のおじさんにかんじきを作ってもらいました。三年間しっかり使わせてもらいました。

【使用例】 タンスの前板など。

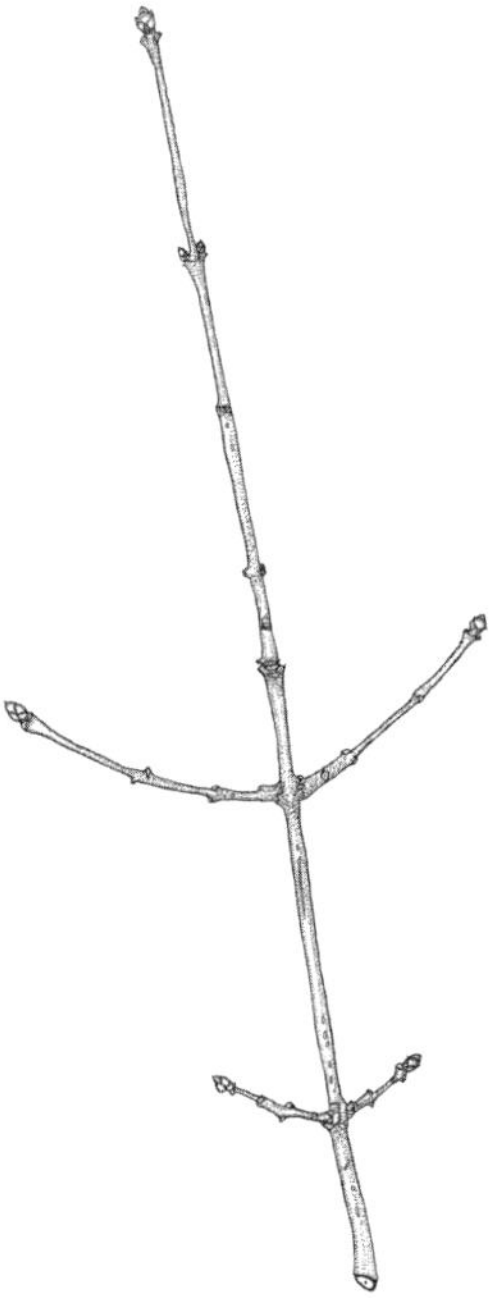

芽生えは力強い感じがする。最初に顔を出す子葉も、直後に開く本葉も分厚く頑丈そうに見える。調査を手伝ってくれた若かった妻は、多くの芽生えの絵の中からマユミを選んで刺繍していた。子どもが元気に育つようにとでも思ったのかもしれない。

北海道から九州まで、樺太、南千島、中国、朝鮮半島にも分布する。

【アサダ】浅田

樹

全層間伐が大事

アサダは樹皮を見ればわかる。短冊状に縦に薄く裂け、少し反り返っている。北海道十勝の新得山《しんとくやま》の緩やかな南斜面には、珍しくアサダがまとまって生えている若い林があった。

そこに試験地を作り、三割ほどの木を抜き切り（間伐）した。その後一五年間調べると、間伐しなかった林分より間伐したほうがアサダは格段に太っていた。間伐の秘訣は太い木も細い木も同じ割合で伐るいわゆる全層の抜き切り（全層間伐）である。林冠木の混み合いを緩和できるので木々は大きくなれる。シラカンバやミズナラなどの一斉林でも針葉樹人工林でも全層間伐が有効なことはすでに実験済みである。若い一斉林で、大径材生産を目指す上では重要な抜き切りの仕方だ。それに、太い木を絶えず残すので、森の生き物も喜ぶだ

果実も特徴的だ。薄い細長い封筒のような袋に種子を１つ入れている。種子の重さに比べ封筒が小さい。そのためあまり遠くへは飛んでいかない。だから、アサダはこぢんまりした集団しか作らない。むしろ他の木と混じり合って単木で暮らしていることのほうが多い。

同じカバノキ科でもシラカンバなどはもっと広い翼のついた小さな種子をもつ。だからよく飛び、広い空き地を見つけ広い一斉林を作っている。

ろう。
少し太く成長したアサダの樹皮は「蓑虫《みのむし》」のように見える。樹皮が一枚一枚短冊状にめくれてはがれ落ちる。そんなザラザラした外見からは想像もできないような、材色をアサダは見せる。濃い赤みがかった色合いだ。木だけ見ても、材だけ見てもわからない。木の立ち姿から材の色合いまで、全部が「アサダ」なのである。

材

時とともに薄く しかし艶が出る赤褐色

赤褐色の美しい色をした木です。カンナの仕上がりもいいですし、硬くて重いですが狂いません。加工のときおが粉が口の中に入りますが、その味は苦いです。使っていると光沢が出てきます（何の木でも同じですが）。我が家の食卓テーブルは「アサダ」です。だいぶ艶が出てきました。赤い色は時間が経つにつれてうすくなってきます。北海道に多く、敷居によく使われます。

この頃は、赤身が多く白太が少ないものよりも、ほとんど白太という木が多くなってきましたので、その白いところを使って家具を作っています。

［使用例］ 洗面台、テーブル、食器棚、椅子、キッチン、ドア、ドアの鏡板、フローリング材など。

たとえ遠くには飛べなくとも、アサダの芽生えはシラカンバなどよりずっと大きいので、落ち葉が少しぐらい積もっていても元気よく押しのけ顔を出す。

葉には軟毛がびっしり生え、ふわふわした手触りである。成木の葉も同じくふわふわしている。触ってみるととても心地よい。

北海道南部から九州霧島山まで、朝鮮、中国にも分布する。

column 10

スギ林から広葉樹を産す
林業は安定した生態系で

スギ人工林に広葉樹を混交させ、スギ天然林に近い状態にしたらどうなるだろう。東北大フィールドセンターの二〇年生のスギ人工林で実験してみた。三本のうち二本を抜き切りするといった強度間伐を二度繰り返したところ、最初の間伐から一四年過ぎた現在、二十数種の広葉樹が高さ一〇メートルを超えるまで育っている。もう五年もしないうちに、サクラやミズキなどは花を咲かせ、ミツバチが戻ってくるだろう。たわわに果実が実れば鳥たちもやってくる。クマの餌も増えるだろう。それ以上に、人間にとっても良いことがわかってきた。

さまざまな種類の広葉樹の落ち葉はミミズを増やし、ミミズは土壌を軟らかくし穴を開ける。すると降った雨がすぐに斜面を流れ出さないで土に染み込んでいく。水はゆっくりと土の中を通って渓流に流れ込む。だから、洪水や渇水が起きにくくなる。さまざまな種類の樹木が共存するとその中には、浅く広く根を張る樹種もあれば、地中奥深く根を潜らせるものもある。しだいに、地下空間には満遍なく根が張り巡らされるだろう。多分、そのためだろう。強度間伐区では土壌中の栄養塩は浅いところでも深いところでも使い尽くされている。したがって、河川に流れ出す水はとてもきれいである。このように、目に見えないのでわかりづらいが「混交林化」すなわち、「種多様性の復元」は人間にも良いことが多いのである。しかし、森林所有者はやりたがらない。なぜだろう。

お金が入ってこないからである。野生動物を養い環境を保全するだけでは、林業者は食ってはいけない。補助金をもらっても大した額ではなくおもしろくもない。伐った木を売ってお金を儲けられれば一番だ。しかし、スギ林で勝手に生えて大きくなった雑多な木々は高くは売れないのである。高価な樹種は限られるし、また太くなるには時間がかかる。細い雑多な広葉樹は、やはり雑木でしかないのだろうか。

そこで、登場するのが、有賀さんのような技術と考え方をもった建具屋さんである。自然から生まれた樹木を分け隔てなく利用し、それを美しい家具に仕立てている。曲がった木も細い木も、これまで見向きもされなかった木も、すべて利用する。まだ使ったことのない木をいつも探している。魔法のような技術は長年の尽きない興味と経験があったから生まれたのである。

有賀さんのような建具屋さんが日本各地にいれば、多くの種類の広葉樹の価値が上がるだろう。スギよりも高く取引できるようになれば、混交林化が進むと考え

強度間伐したスギ人工林に侵入したたくさんの広葉樹
スギ人工林を強度に間伐すると広葉樹が混じってきた。東北大フィールドセンターの人工林ではミズキやカエデ類が大きく育っている。スギの根に共生するアーバスキュラー菌根菌がミズキやカエデ類の根にも共生し成長を大きく助けている。それに比べてスギ人工林には外生菌根菌がいないのでそれと共生するブナ科の樹木はあまり大きくなれない。しかし、長い時間をかけて外生菌根菌も居着くようになり菌類相が落ち着いたら、いずれ自生山のようなスギとブナの針広混交林になっていくと推定される（コラム７参照）。そうすれば、いつまでも多種多様な木材が供給され続ける安定した森になるだろう。

られる。一方、強度間伐によって出てくる大量の細いスギは当面、地域のエネルギー源として利用すれば良い。

自然の営みは複雑である。その複雑さを受け入れるならば、きっとそこから大きな恵みが得られるはずである。

【キハダ】黄蘗

樹

人の時間と森の時間

キハダの成長は早い。一〇年前に庭の真ん中に三〇センチほどの稚樹を植えたら、ここ数年は毎年一メートルも伸び続け樹冠を広げている。今年、初めて花を咲かせた。しなやかな羽状複葉はちょっとした風にも柔らかく揺れる。木陰としても気持ちが良い。昼寝場所としてはハルニレと並んで一級の樹である。

北海道にはキハダの太い木はいっぱいあった。その証拠に、三〇年ほど前には分厚い大きな板が一万円で売られていた。安かったのは、売っていた場所が帯広営林局のお祭り会場だったせいでもあるだろう。しかし、幅八〇センチほどで、厚さ一〇センチ、長さが四メートルもの材は、今はもうそんなにないはずである。天然林の大面積皆伐が終わり、最後の巨木が抜き切りされていた時期の話である。

キハダにはオスとメスの木がある。雌雄異株だ。両方ともとても地味な花で、よほど気をつけないと見逃してしまう。これはキハダの雄花。北海道から九州まで見られる。アムール、千島、樺太、朝鮮半島にも分布する。

皆伐跡地はチシマザサが繁茂し広い無立木地帯になった。森を再生させようとブルドーザーでササを根こそぎ剝ぎ取ったところ、シラカンバやダケカンバなどに混じって時折キハダの芽生えも大量に出現した。以前、うっそうとした森林だったときに鳥の糞と一緒に落ちた種子から発芽したものだ。しかし、親木の太さに達するには何百年かかるのか、どのような過程を辿るのかは予測もできない。巨木の森を一瞬にして伐り尽くした愚かさと、再生に向けたこれからの時間の膨大さを考えると、欲深くせっかちな人間の時間と気前のいい暢気な森の時間の違いを思わずにはいられない。

材

縮み杢がキラキラ輝く

緑がかった落ち着いた色です。皮の内側はきれいな黄色で、なめると強烈に苦い味がします。山の人たちは「キワダ」と呼ぶ人が多いです。やわらかく素直な木で、狂いもほとんどなく、カンナの仕上がりもいいです。縮み杢がよく出て、キラキラと輝いて本当に美しいです。加工するとき、木の粉が口の中に入りますが、皮同様に苦くてあまりいい味ではありません。においもムッとくる

［使用例］ テーブル、キッチン、食器棚、洗面台、ドア、カッティングボード、フローリング材など。

ような、むせてしまうようなにおいです。

この木は昔から生活の回りで使われてきました。盆、椀などの刳物、建築材、机、書棚など箱類、皮や実は胃薬、また黄色の染料などなどです。長野県の小谷村では、今でも皮を乾燥させて、薬用に出荷しています。

材としてかなりの量がとれるのですが、最近はあまり使われていません。なんでかなと思いますがよくわかりません。どんなものにも使えるので、もっともっと使われていい木です。

キハダの芽生え。子葉はサンショウの芽生えとよく似ている。辺縁部が特徴的だ。本葉も開き始めの頃は3枚の掌状複葉に見えるが、しだいに成長するにつれて複葉の葉の枚数が増え、羽状複葉になっていく。

ちょうどその頃、アゲハチョウの幼虫もやってくる。葉の表面に乗って葉を食べ始め、それまで調査してきた芽生えがほとんど食われてしまうこともしばしばであった。幼虫を突っつくとオレンジ色の2本の臭角を突き出す。ミカンのようないいにおいがする。

【クワ】桑、山桑

樹 李朝家具の素朴な美しさ

ヤマグワは伐採跡地や林道沿いなど明るいところに多い。暗い森の中ではほとんど見ない。果実を食べた鳥が森の中に糞を落とすと土の中に潜り込み「埋土種子」としてひっそりと待機するからである。上の木が倒れて差し込む明るい光と地表面の温度上昇の両方に応答して発芽する。発芽時期は温帯性の樹木では珍しい八月である。なぜ、こんな時期に発芽してくるのだろう。

李朝家具はヤマグワをよく使う。素朴な美しさに惚れ込んだ日本の家具屋が真似て作ってみたものの、どうも味が出ない。韓国に出かけて職人の技を見て驚いた。足の部分は根元の材を使い、表板は南向きの材を使っていた。えも言われぬ温もりはそこから来るのだろう。法隆寺建立の技法にも似ている。木を熟知し、木の

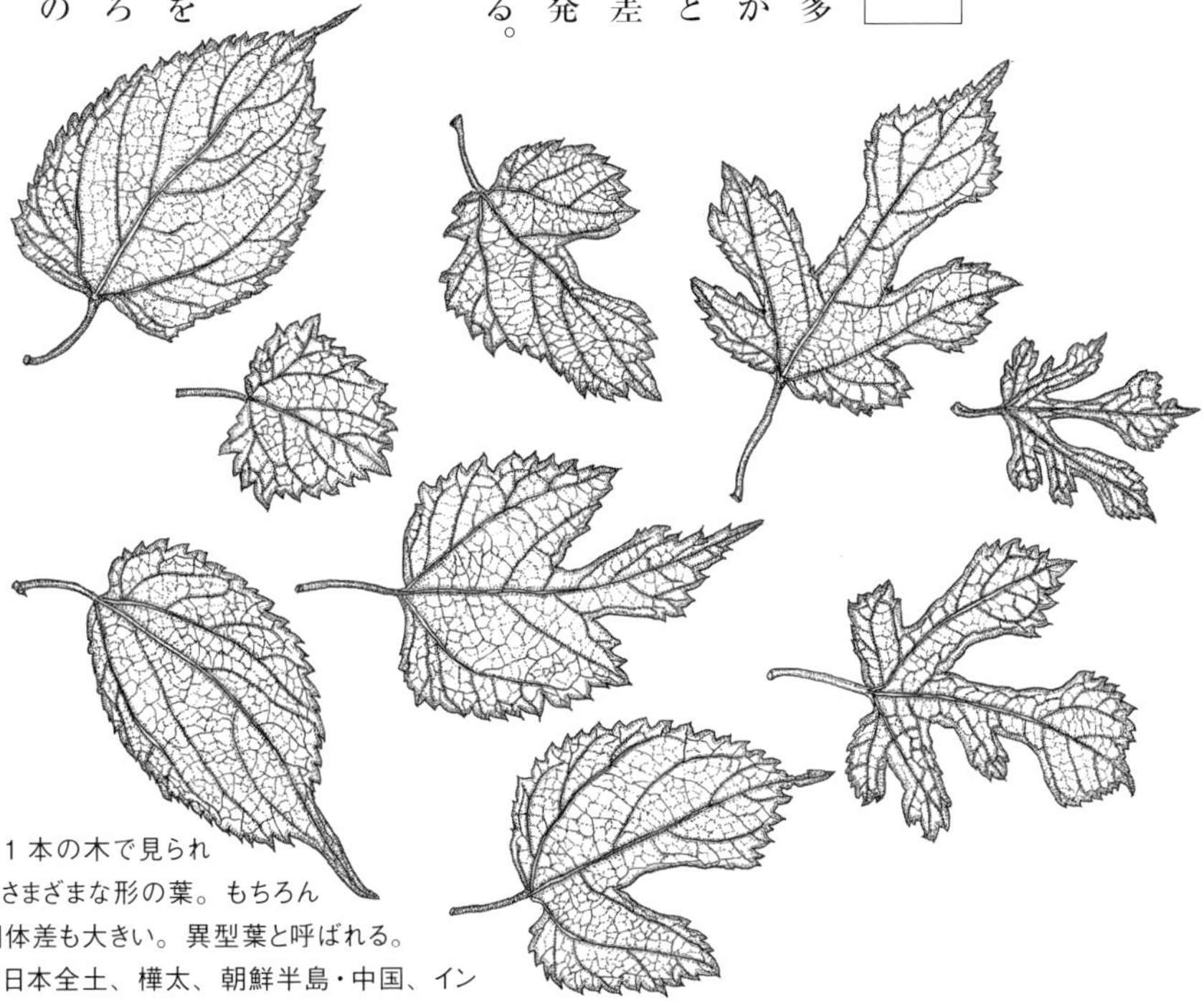

1本の木で見られたさまざまな形の葉。もちろん個体差も大きい。異型葉と呼ばれる。

日本全土、樺太、朝鮮半島・中国、インドシナ半島、インド、ヒマラヤまで広く分布。

美しさを存分に生かす文化が、その昔、我々の近くにあったのだ。工作の仕方で人の心を豊かにできるとしたら、その方法論の再現と発展こそ本当の先端科学のような気がする。

材 気づかないうちに黒くなる

伊那地方では養蚕が盛んだったので、たいへん身近な木です。やわらかく、加工しやすくカンナ仕上がりも良いです。

クワは今まで使った木の中では一番色が変わります。削ったばかりのときはきれいな黄色ですが、五年もするとほとんど真っ黒と表現してもいいほどに黒くなります。これだけ色が変わっても使っている人はほとんど気がつかないというのもおもしろいです。毎日毎日ほんの少しずつ変わっていくので気がつかず、あるとき「あれ、ずいぶん黒くなったネ」という具合です。このように木の色が変わっていくということも楽しめます。伊豆の御蔵《みくら》島《じま》のクワは最高級の和家具材です。

若葉の天ぷら、熟した実はたいへんおいしいですし、

［使用例］ キッチン、椅子、引き出し、ドアの鏡板、お盆など。写真は天板に神代カツラを使ったキッチン。

食器として使うと高血圧にいいと言われています。子どもの頃は弓を作って遊びました。弓本体はクワの若枝を、弦《つる》はクワの皮を剥いだもの、矢はススキでした。成長は早くても（年輪の幅が広い）狂わないし、削りやすく、粘りもあり、光沢も出ます。美しい木目も出ます。色も渋いです。里山に意外と多く生えていますのである程度量は確保できます。ただしまっすぐなものは望めません。

　畑のクワの木は、葉を取りやすくするために株をなるべく下のほうにしてそこから萌芽させます（下図参照）。高さは人の背丈くらいで、人が立ったまま葉を取って蚕に与えます。蚕が大きくなってくると枝ごと切ってそのまま与えます。桑畑の地図記号（Y）とよく似た樹形です。

　自然の木は畑の土手とか里山に生えていますが、まっすぐ育った木はあまり見ません。それがなぜだかはよくわかりません。葉の形はいろいろですが、一目見るとクワだとわかるのが不思議です。もっともっと使われていい木だと思います。

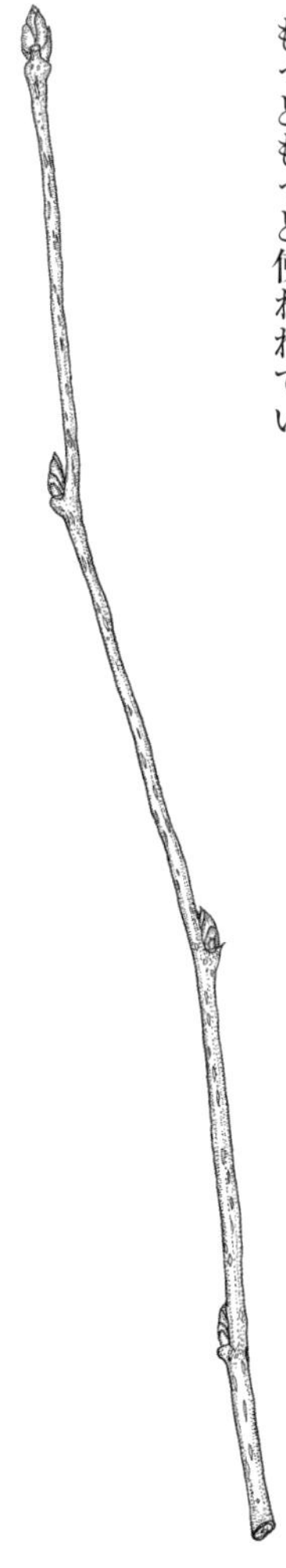

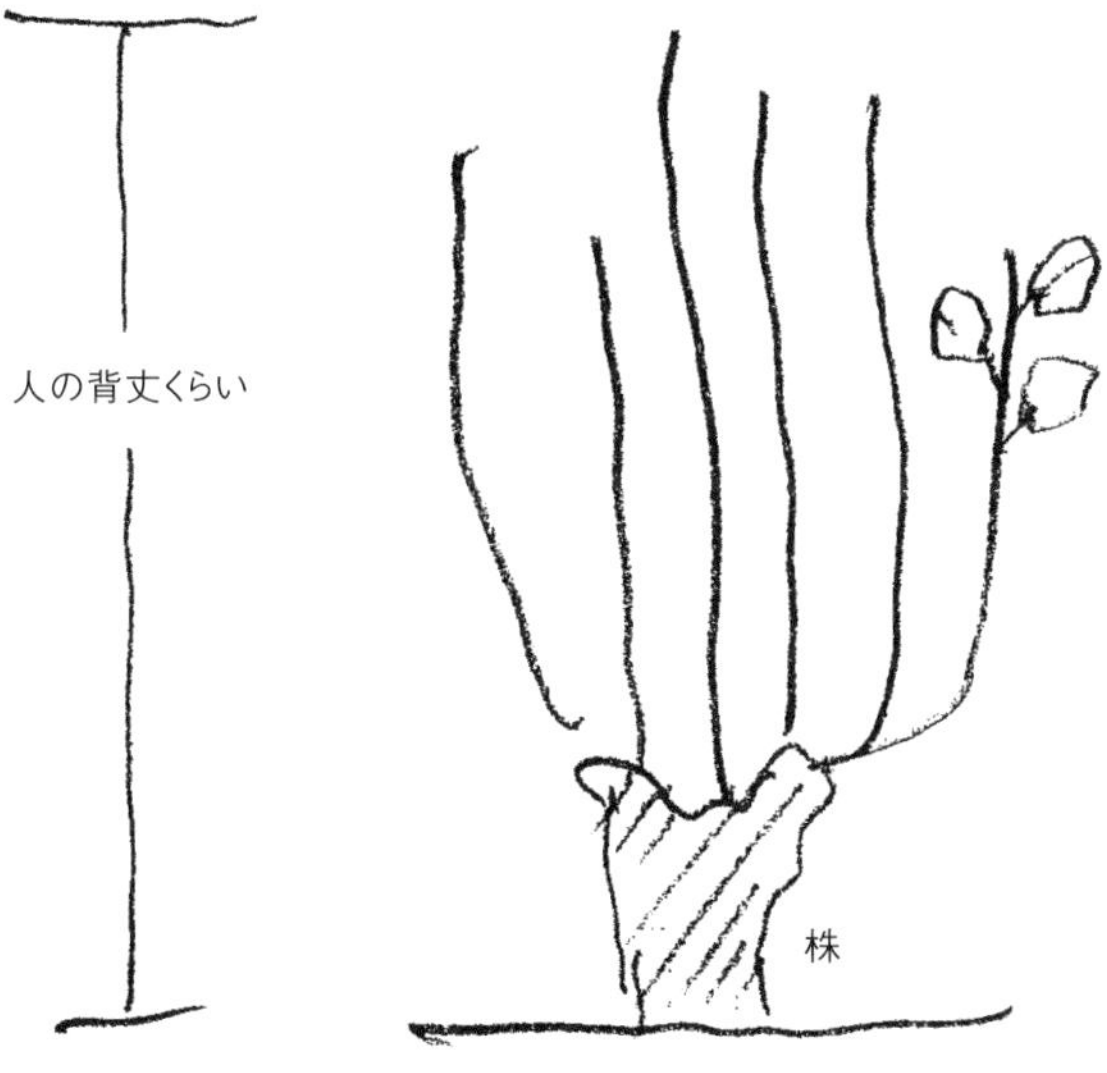

【オノオレカンバ】斧折樺

樹

資源が枯渇する前に

カバノキ科の樹木である。タネには狭い翼があるが、あまり風で飛びそうにもない。陽樹だと思われるが集団は作らず単木的に分布している。本州中部以北の内陸部に分布が限られ、個体数も少ない。

図鑑には大きいものは樹高二〇メートル、直径八〇センチに達すると記されているが、そんなに大きいのは見たことがない。数十年前までは相当大きいものがあったのだろう。

材は斧が折れるほどではないがきわめて硬く、艶がある。額縁やツボ押しの棒など近年、木工芸を扱う店で見かけるようになった。資源が少ない割には、木工愛好家に注目されているようである。このままでは枯渇が心配だ。生態的特性をきちんと調べてから利用すべきだろう。

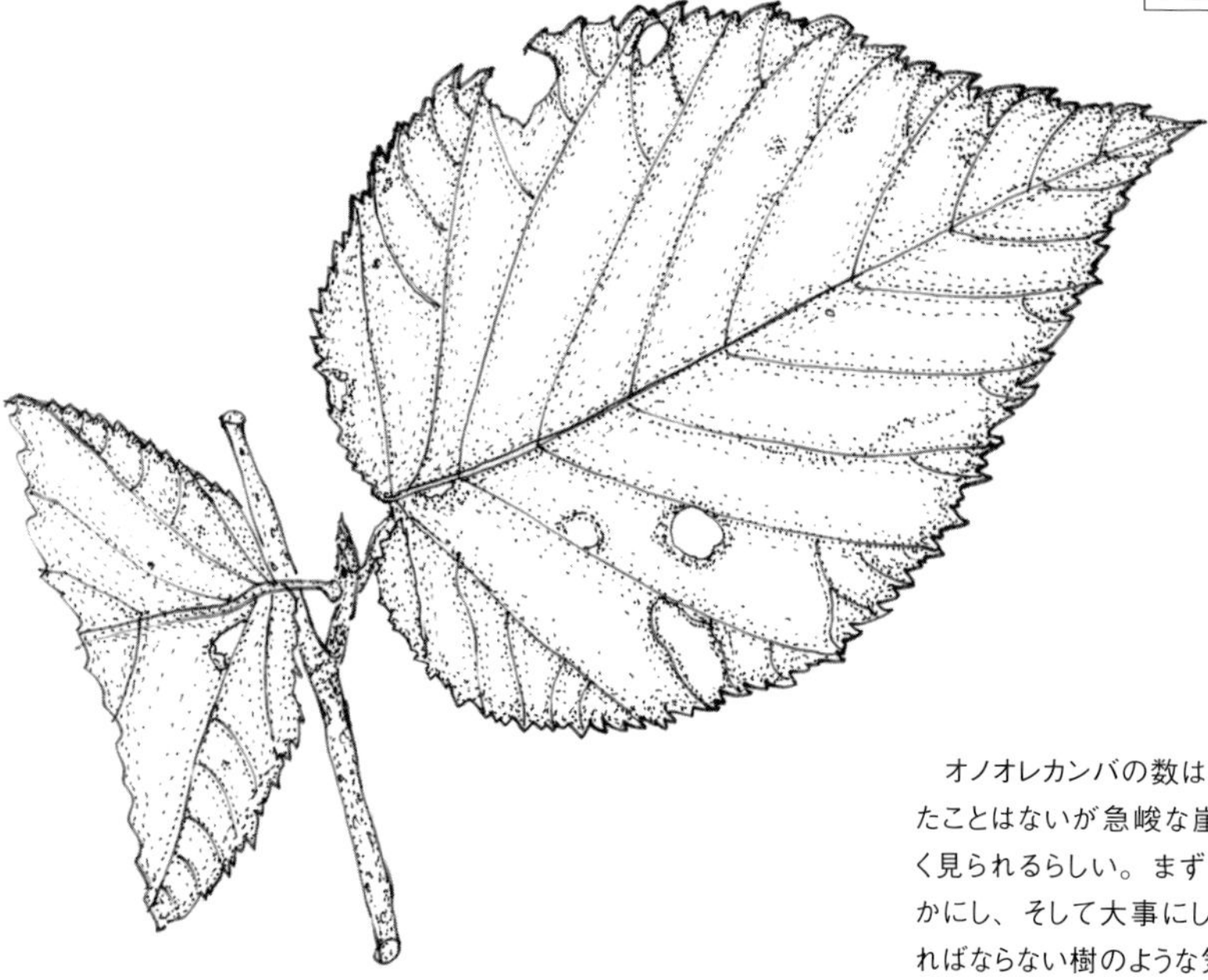

オノオレカンバの数は少ない。見たことはないが急峻な崖などでもよく見られるらしい。まず生態を明らかにし、そして大事にしていかなければならない樹のような気がする。

材

はねかえされるカンナ

ミズメやシラカンバの仲間です。褐色のたいへん硬い木で重く、カンナの刃がはねかえされてしまう感じです。材木市場にはほとんど出てこない木ですが、近くの左官屋さんから分けてもらいました。蔵の土壁を塗るときに木釘として使うそうです。

引き出しの前板として使いましたが、釘は打ちにくいわ（ちょっと無理をすると割れてしまう）、仕上げるのは大変だわ、えらく苦労しました。性質はミズメに似ていますが、ミズメより艶がある感じです。

【使用例】 引き出しの前板。

土壁に使われる木釘。

【ウルシ】漆、山漆

樹

透き通った赤

開き始めの葉は赤く少し透き通っている。混じり気のない赤は息を飲むほどきれいだ。いつも足を止めて見入ってしまう。

しかし、しだいに毒々しい感じになる。ヤマウルシは主軸に沿って両側に小葉が並ぶ「羽状複葉」と呼ばれる大きな葉をもつ。主軸と葉柄には赤が残るが、葉が緑になるにつれ赤と緑のコントラストがはっきりしてくる。さらに赤も緑も妙に濃くなり照りが出てきてコントラストが気味悪く感じられるようになる。

ヤマウルシは林道沿いや伐採跡地などの明るいところで更新しているので遷移初期種であることに間違いはな

春先の開き始めの葉は息を飲むほどきれいだ。混じり気のない赤は透き通るような色合いで、毎春足を止めて見入ってしまう。

北海道から九州まで、千島、中国、朝鮮半島に分布する。

い。しかし、若い広葉樹林の暗い林床にも高さ一～二メートルほどの稚樹がちらほらと見られる。明るいときに発芽したのが生き残っているのか、暗くなってから侵入したのか。なにせ、かぶれるので、その更新については詳しくは知られていない。学生の頃、かぶれて実習を棒に振った同級生がいた。顔が倍くらいに赤く腫れ上がり山奥の宿舎の奥の畳で寝ていた。

樹高も一〇メートルに満たない細い木なので、寄木細工以外の用途は聞いたことがなかった。ところが、信州にウルシを家具・建具に使う人がいるというので、さっそく伊那に有賀さんを訪ねた。壁のウルシの板は黄金色に輝いていた。

材

鮮やかな黄金色

とにかく鮮やかな黄色で、金色（ゴールド）に輝く木肌は「これが木か」と驚くほどです。でも時間が経つと色は褪せてきます。漆塗りの漆を採る木ですが、肌の弱い人はかぶれます。よって、山で木を切る人にも製材する人にも嫌がられます。この木を製材所に持ち込んで製材してもらったら、触った人がかぶれて大変な目にあっ

ウルシを製材する様子。

たと言っていましたし、私のところでも職人が桟積みをしたらやはりかぶれて体中が腫れ上がってしまいました。でも乾いてしまえば漆塗りの器と同じでかぶれることはありません。

ウルシかぶれにはサワガニが効くと聞いていましたが、先日埼玉県の工務店の社長とそんな話になりました。社長いわく、「子どもの頃、ウルシでかぶれたときにお母さんがサワガニを生のまま潰してその汁をつけてくれた、すっかり治った」そうです。

以前は漁網の浮きとして使われていたようで近くの山師（山で木を切っている人）に聞いたら、ウルシだけを買いに来た業者がいたそうです。ウルシは水にたいへん強く、腐りません。里山に意外と生えていますし、私のところのすぐそばの田んぼの土手にも、直径二〇センチ以上のウルシが五～六本生えています。昨年近くで漆をやっている人が漆掻き（皮を傷つけて漆を採ります）をしまして、今年の春は芽が出るかなと見ていたら芽が出て葉っぱも茂ってきましたので、もう少し太らせてから切ろうと思っています。紅葉はとてもきれいです。

明治時代の本を見ると若芽はおいしいが、ウルシに弱い人は食べるなとあります。私は食べたことはありません。好きな木の一つです。

きれいな黄色で、ワンポイントでいろんなところに使います。特に色の濃い木と合わせて使うと映えます。

［使用例］テーブル、椅子、ドアの鏡板、引き出しの前板など。

column 11

ブナ一本を使い尽くす
枝も捨てない、燃やさない

鳥取市で開かれたブナのシンポジウム会場に、小さな木工品がたくさん並んでいた。「ブナ一本プロジェクト」の作品だ。

鳥取大学演習林から樹齢七〇年、根元直径四〇センチ、樹高一二メートルのブナを一本切り出し、地元の木工芸に携わる人たちが作ったものだ。自動車の形をしたペン立て、お椀、額縁、ペーパーナイフなど三三品目が展示されていた。総作品数一二五〇個、枝一本まで余すことなく使いきったそうだ。手に取るとブナの柔らかい肌触りが伝わってくる。どれもこれも、よく手に馴染み、〝少なくとも七〇年〟は使えそうな気がした。

今の林業、林産業は〝効率的な〟木材生産や製品生産を目指している。省力化、機械化、画一化。まるで工業製品の生産システムを真似ているかのようである。しかし、樹々には本来、種ごとに材の色合い、紋様、艶などの違いがあり、それが固有の風合いを醸し出している。さらに同じ樹種でも個体ごとに曲がりや年輪幅などの個性がある。

樹種の多様性、個体の多様性、つまり多様な個性を一顧だにせず、皆同じ規格で同じ塗装で、機械でサササッと作ろうとする。そうしたものは、なぜか〝早く飽きる〟。愛着が湧かないまま、捨ててしまったことさえ覚えていない。多分、木が育った情景も知らなければ、誰がどのように作ったのかもわからないからだろう。

それより、少し面倒でも、一本一本丁寧に伐採し、木の素性をよく見ながら乾燥し、板を挽き、加工・造作していけば、そして、その情景を木製品を使う側が知ることができれば。そうすれば、木々はもっと長く、大事に使われるようになるだろう。

1本のブナの木から作られた木製品の数々
樹齢70年のブナ1本、枝1つ余すことなく使いきったという鳥取の「ブナ1本プロジェクト」の作品。ペン立て、鯉のぼりの玩具、靴べら、お椀、額縁、ペーパーナイフ、定規、へら、爪楊枝入れ、木ばさみ、箸置きなど33品目が展示されていた。

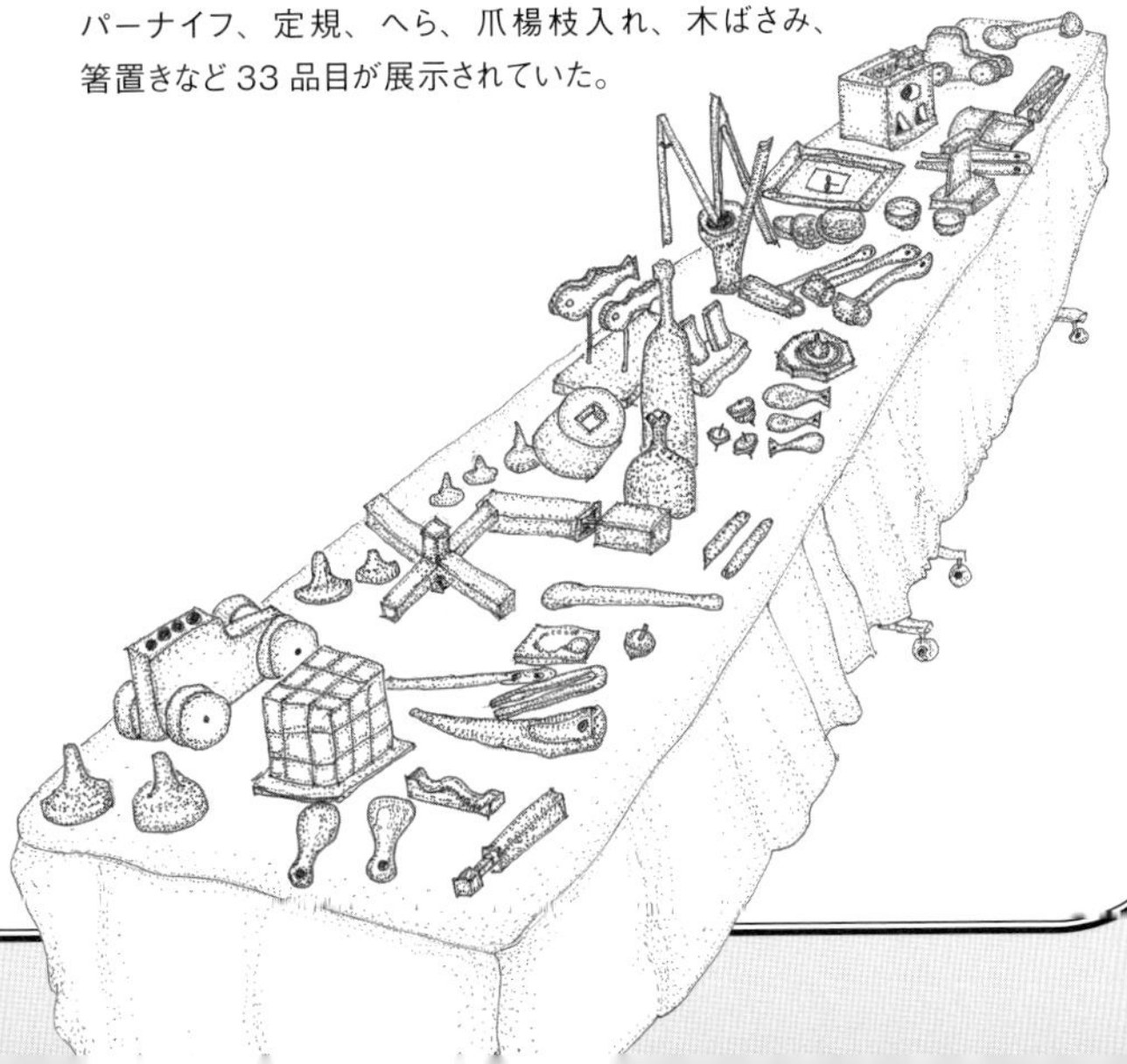

【エンジュ】槐、イヌエンジュ

樹 新緑に浮かぶ銀白色

春、なかなか葉を開かないので枯木かと思う。しかし、いったん、葉が開きだすと独特の色合いに目を引かれる。樹木の葉とは思えないような深い銀白色である。いや、むしろ樹木でしか見られない抑制の効いた銀白色である。若葉を開き始めたイヌエンジュは新緑の中、そこだけ、独特の存在感を醸し出している。

　山地をくまなく調べても芽生えや稚樹を見ることはきわめてまれだ。そもそも種子を実らすような太い木がないからだ。床柱や工芸品用に高く売れるので、見つけ次第伐採されたためだ。三五年ほど前だが、イヌエンジュをくりぬいて作った壺や花瓶を酒席で自慢する林業関係の役人がたくさんいた。直径四〇センチもある大きな花瓶を自慢し、「役得だ」と言う人もいた。焦げ茶色の材は磨くほど艶が出る。欲しがる人が多い

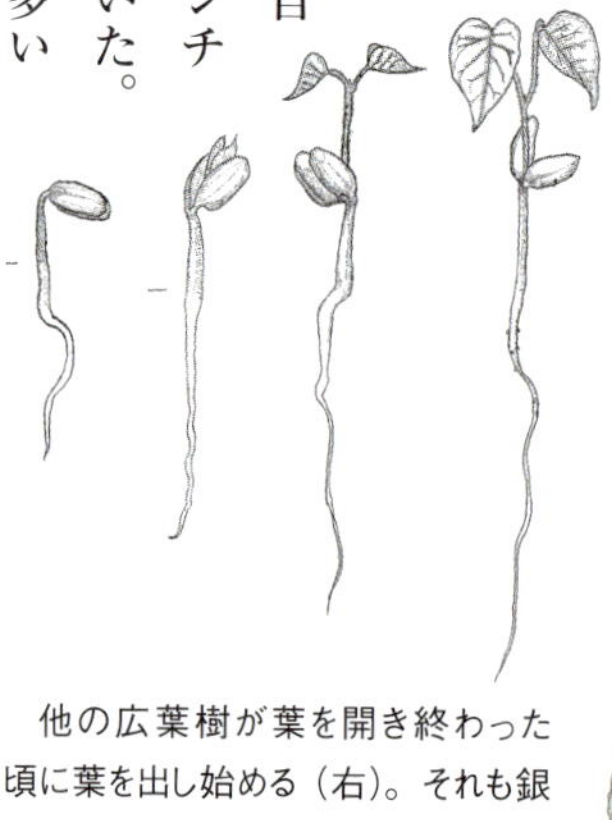

　他の広葉樹が葉を開き終わった頃に葉を出し始める（右）。それも銀白色なのでそこだけ違った空間ができあがる。マメ科らしい芽生えだ（上）。

　丸い子葉が開くとすぐに一対のハート形の本葉を開く。しだいに羽状の複葉を出しイヌエンジュらしくなる。

　山地に種子を播くと春から夏の終わりまでだらだらと発芽を続ける。樹木には珍しい発芽パターンだ。十分に吸水できたものから発芽するのだろうが、発芽時期を分散させることで子どもが生き残る確率を上げているのかもしれない。

　北海道、中部以北の本州に分布する。

人間と自然を考える本

旅する地球の生き物たち

ヒト・動植物の移動史で読み解く遺伝・経済・多様性

ソニア・シャー［著］夏野徹也［訳］

3200円＋税

地球規模の生物の移動の過去と未来を、生物学・分類学・社会科学から解き明かす。

極限大地 地質学者、人跡未踏のグリーンランドをゆく

ウィリアム・グラスリー［著］小坂恵理［訳］

2400円＋税

人間は、人跡未踏の大自然に身をおいたときに、どのような行動をとるのか。地球科学とネイチャーライティングを合体させた最高のノンフィクション。

深海学 深海底希少金属と死んだクジラの教え

ヘレン・スケールズ［著］林裕美子［訳］

3000円＋税

深海が地球上の生命にとっていかに重要かを研究者の証言や資料・研究をもとに語り、謎と冒険に満ちた、海の奥深く、不思議な世界への魅惑的な旅へと誘う。

太陽の支配

神の追放、ゆがむ磁場からうつ病まで

デイビッド・ホワイトハウス［著］

西田美緒子［訳］ 3200円＋税

人々が崇め、畏れ、探究してきた太陽。神話、民俗学から天文学まで、太陽と人の関わりを網羅した1冊。

冷蔵と人間の歴史

古代ペルシアの地下水路から、物流革命、エアコン、人体冷凍保存まで

トム・ジャクソン［著］片岡夏実［訳］

2700円＋税

生活に必須の冷蔵技術の存在の大きさをクローズアップする異色のノンフィクション。

人類と感染症、共存の世紀

疫学者が語るペスト、狂犬病から鳥インフル、コロナまで

D・W＝テーブズ［著］片岡夏実［訳］

2700円＋税

グローバル化した人間社会が生み出す新興感染症とその対応を冷静に描く。

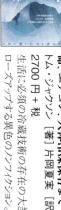

オーガニック 有機農法、自然食ビジネス、認証制度から産直市場まで

R・オサリバン［著］浜本隆三ほか［訳］
3600円＋税
過去70年の米国のオーガニックの歴史。農業者も、消費者もハッピーなオーガニックの在り方を描き、これからの日本の自然食の在り方を浮き彫りにする。

83歳、脱サラ農家の終農術

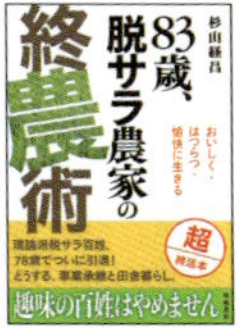

おいしく・はつらつ・愉快に生きる
杉山経昌［著］ 1800円＋税
累計10万部突破の『農で起業する！』シリーズ著者の最新作！ 理論派脱サラ百姓がついに引退。事業継承やリタイアメント・ライフを愉快に送るコツを語る。

土が変わるとお腹も変わる

土壌微生物と有機農業
吉田太郎［著］ 2000円＋税
カーボンを切り口に、食べ物、健康、気候変動、菌根菌の深い結びつきを描く。「有機」こそが、日本の食べ物を担う、あたりまえの農業であることがわかる本。

稼げる農業経営のススメ

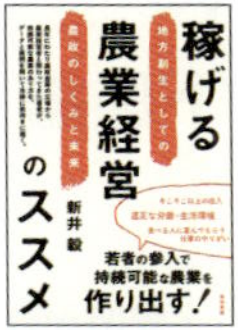

地方創生としての農政のしくみと未来
新井毅［著］ 1800円＋税
長年にわたり農政当局の立場から農業経営者と関わってきた著者が、持続可能な農業のあり方を、データと実例を用いて冷静に前向きに描く。

微生物と菌類の本

雨もキノコも鼻クソも大気微生物の世界

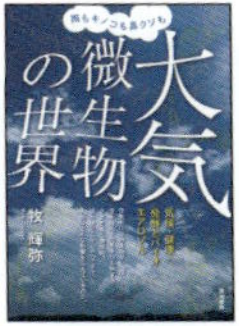

気候・健康・発酵とバイオエアロゾル
牧輝弥［著］ 1800円＋税
大気圏で、空を飛んで何千キロも旅をしている多様な微生物。大気中の微生物の意外な移動の軌跡と、彼らの気候や健康、食べ物、環境などへの影響を探る。

きのこと動物

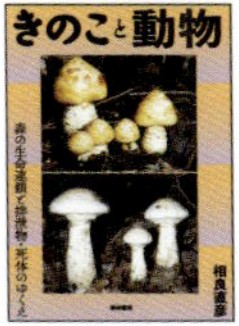

森の生命連鎖と排泄物・死体のゆくえ
相良直彦［著］ 2400円＋税
動物と菌類の食う・食われる、動物の尿や肉のきのこへの変身、きのこから探るモグラの生態、菌類のおもしろさを生命連鎖と物質循環から描き、共生観の変革を説く。

価格は、本体価格に別途消費税がかかります。価格は2022年10月現在のものです。

流されて生きる生き物たちの生存戦略

驚きの渓流生態系

吉村真由美［著］　2400 円 + 税

流れに乗って移動したり、絹糸で網を張ったり…。渓流の生き物とその生息環境について理解が深まる一冊。

苦しいとき脳に効く動物行動学

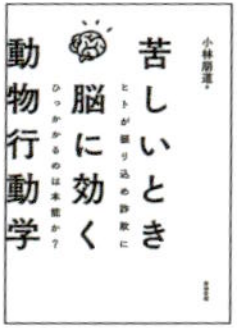

ヒトが振り込め詐欺にひっかかるのは本能か?

小林朋道［著］　1600 円 + 税

著者が苦しむ生きにくさの正体を動物行動学の視点から読み解き、生き延びるための道を示唆する。

採集と見分け方がバッチリわかるアンモナイト図鑑

守山容正［著］　2700 円 + 税

アンモナイト王国ニッポンの超レア化石をカラーで紹介！　写真とともに科ごとのアンモナイトの同定ポイントを詳しく説明。アンモナイトの見分け方がわかるようになる。

先生、モモンガがお尻でフクロウを脅しています?

鳥取環境大学の森の人間動物行動学

小林朋道［著］　1600 円 + 税

先生！シリーズ第 16 巻！

イヌも魚もアカハライモリもワクワクし、キジバトと先生は鳴き声で通じあう。

カニムシ　森・海岸・本棚にひそむ未知の虫

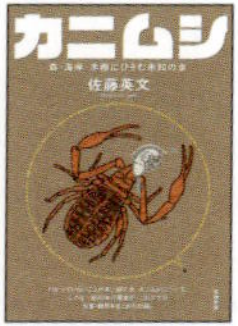

佐藤英文［著］　2400 円 + 税

古書以外にも木の幹や落ち葉の下など、私たちの身近にいるムシなのだが、ほとんどの人がその存在を知らない。

この虫一筋 40 年の著者が、これまでの採集・観察をまとめた稀有な記録。

海鳥と地球と人間　漁業・プラスチック・洋上風発・野ネコ問題と生態系

綿貫豊［著］　2700 円 + 税

海上と陸地を行き来し海洋生態系を支える海鳥の役割と、混獲、海洋汚染、洋上風力発電への衝突事故など、人間活動が海鳥に与えるストレス・インパクトを、世界と日本のデータに基づき詳細に解説する。

のも頷ける。しかし、イヌエンジュの花粉や種子を誰がどのくらいの距離運ぶのか、種子はいつどこで発芽するのか、稚樹はどのように大きくなっていくのか。何も知ろうとせずに枯渇させてきた。今、植栽する人もいるが成林は難しい。道は遠いが生態をよく調べ天然更新を図るほうが理に適うし持続的だろう。太い樹々が再生し、森の中に銀白色の空間が再び見られるようになったら、春の森に出かけたくなる人はもっと増えるだろう。

材

木目が入り組んだ色黒の木

色の黒い重い木です。よく街路樹として植えられているのを見ます。カンナで良く仕上がりますが、細くて曲がった木が多いので、木目が入り組んで削りにくいところも多い木です。この木でキッチンを作りましたが、重厚で、どっしりとした感じに仕上がりました。

縁起の良い木とされ、木偏に鬼と書くので魔除けとしてもいろんなところに使われます。たとえば床の間の床柱です。とれる量が少ないので使われる量も少ないです。

[使用例] キッチン、ドアの鏡板、テーブル、椅子、タンスの前板、記念品のペン立てなど。

【ミズメ】水目・水芽

樹 スッとする香り

ミズメは別名ヨグソミネバリ（夜糞峰榛）ともいう。その名のように尾根筋にすーっと伸びた大木が立っている。ひっそりと一本だけで立っているのはよく見るが、小さな集団も作るらしい。ダケカンバのような薄い翼のある小さなタネを風で散布するが大きな集団は作らない。

文献を見るとカバノキ科の樹木にしては寿命が長く、三〇〇年を超えるものもある。更新が難しい分、寿命を長くしているような木である。したがって、安易に伐るとすぐにいなくなってしまうだろう。周到に次世代、次々

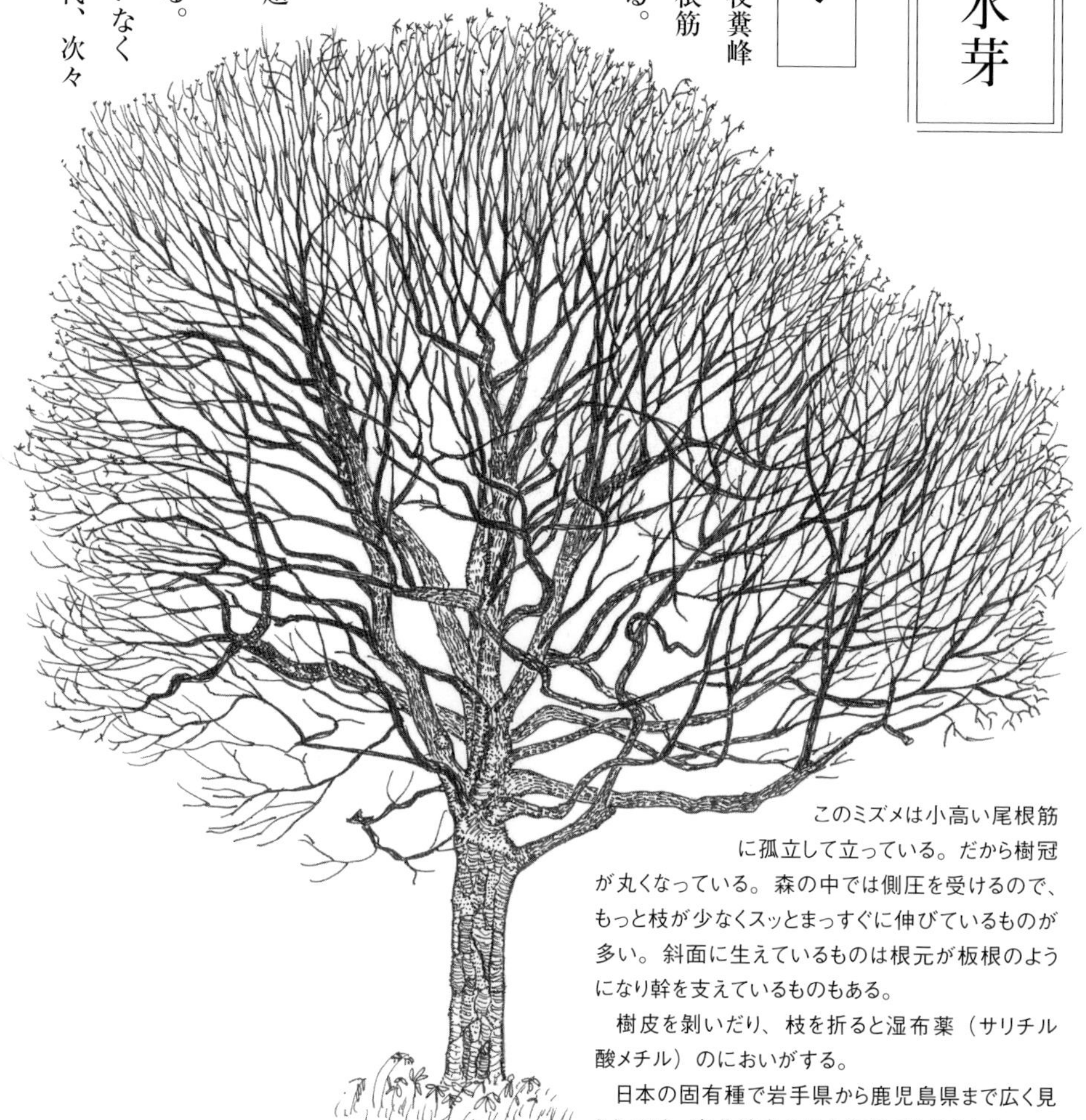

このミズメは小高い尾根筋に孤立して立っている。だから樹冠が丸くなっている。森の中では側圧を受けるので、もっと枝が少なくスッとまっすぐに伸びているものが多い。斜面に生えているものは根元が板根のようになり幹を支えているものもある。

樹皮を剥いだり、枝を折ると湿布薬（サリチル酸メチル）のにおいがする。

日本の固有種で岩手県から鹿児島県まで広く見られるが、東北地方の日本海側では見られない。

世代を育てて命をつなぐ必要がある。

割れや狂いが少なく強靱なので古くから弓に利用され、その後も家具や漆器に使われてきた。珍重されよく使われてきた木ではあるが、その更新メカニズムの詳細はまだ明らかではない。

材 削るのが大変だが仕上げると輝く

心材はきれいなうすい赤色、辺材は白く緻密で重い木です。幹の断面が峰のような形が多いのでミネバリとも呼ばれますし、他にはアズサ（梓）とも呼ばれます。

木目がぐしゃぐしゃに入り組んでいるので削るのが大変ですが、うまく仕上げるとキラキラ輝いて見えて美しい（縮み杢に似ています）。枝や皮は湿布薬のにおいがします。重く木目が独特ですので洋家具によく使われます（松本民芸家具など）。

［使用例］ キッチン、テーブル、椅子、食器棚、本棚、フローリング材、ドアの鏡板など。

【サンショウ】山椒

樹 食欲の木

身近に一本欲しい木である。ずっとそう思っていたので、家を建てるとすぐに山で見つけた小さな芽生えを二本植えた。すくすく伸びたが、木が小さいうちに新葉をたくさん食べるわけにはいかない。木が傷まない程度に、葉をむしっては孟宗汁《もうそうじる》に入れ、蕎麦の薬味にした。背丈を越えると新芽を佃煮にした。

七～八年すると花が咲き出した。めでたく二本とも実がなるメスの木であった。乾かした果皮は粉にし醤油汁に振りかけた。サンショウは新芽も葉も、果皮も毎年大量に食べるので、なくてはならない木である。

いつも、食べ物としてしかサンショウを見ていなかったが、秋の晴れた日、とてもきれいな木であることに気がついた。黄色になり始めた羽状複葉の上にたくさんの赤い果実が顔を出し、秋の澄んだ、そして穏やかな陽の

サンショウは雌雄異種である。

春、メスの木に咲く雌花は目立たない（右）。しかし、秋の果実は鮮やかに赤くなり中から丸くて黒い種子が顔をのぞかせる（左）。

光を浴びていた。いかにも秋らしく、そして福々しく感じられた。やはり、食欲の木である。

材
白くて硬い

皮はボコボコしています。あまり大きな木は見たことがありませんが材は白くて硬いほうです。葉っぱや実は料理によく使われます。細い幹は擂粉木《すりこぎ》になります。

伊那地方では五平餅の材料でもあります。我が家の五平餅は、ごはんを少しつぶして丸い平べったい餅の形にして、少し焼き目をつけ、サンショウ味噌（サンショウの若い葉をすり鉢で擂《す》って味噌と砂糖で味をつけたもの）を乗せたものです。

【使用例】 薬ダンスの前板。

果実がなりだしてから数年、庭のあちこちに芽生えが見られるようになった。子葉の縁をよく見ると小さな丸い山が連なっているように見える。子葉の形はキハダと似ている。ミカン科の特徴なのだろう。芽生えは明るい光を浴び元気よく成長する。

北海道から屋久島まで、朝鮮半島南部にも分布する。

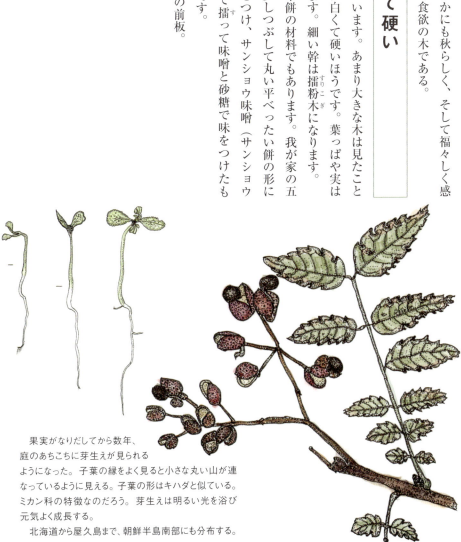

column 12　役立たずの木を残す　キツツキやムササビのため

老熟した森では立ったまま枯れている巨木に突然出くわす。無数に穴の空いた木が多い。アカゲラやアオゲラなどのキツツキが開けたものだ。大きな枯れ木にはキクイムシの幼虫がたくさんいるからだろう。

家の裏庭の瀕死のコナラにコゲラがしょっちゅう来てはコンコン、コンコンと幹を突っついて中の虫を食べている。穴だらけになったが木はまだ生きている。キツツキに助けられているのかもしれない。富良野の天然林を歩いていたら、まっすぐに伸びた元気な木に大きな穴がいくつも空いていた。クマゲラだ。枝のない幹のはるか高いところにも大きな穴を開けていた。そこでは子育てをしていた。

老熟した天然林には幹に洞《うろ》のある木が多い。枝が折れると枝を幹の中で支えていた部分が腐って洞ができる。大きな樹洞が作られるには太い枝が必要なので、やはり太い木がないと大きな樹洞もできない。できた理由はなんであれ、大木に空いた樹洞は森の生き物たちにとって大事な生活場所だ。

特にムササビ、モモンガ、ヤマネなどの小型哺乳類やフクロウなどは自分では洞を作れないので、樹洞は子育てなどに重宝する。見たことはないがリスは食料庫にするという。クマも越冬場所に利用している。クマが利用するのは太い木の幹の根元部分の空洞である。木材腐朽菌によって長い時間をかけて腐って中が空洞になったものだ。もちろん、クマが住むのだからかなり太い木でなければならない。

しかし、食料庫である太い枯れ木もマイホームとなる樹洞も少なくなった。天然林施業では空洞のある木や枯れ木、それにキツツキが穴を開けた木などは不良木だ。すぐに伐採し森の若返りを図るべきだと学生の頃に教えられた。林業の現場での常識であった。

しかし今、世界の林業の現場では洞のある木、枯れ木をある程度の割合で残す、といった管理が求められるようになっている。木材としては価値がなくとも森の生き物にとったら最高レベルの価値があるのだ。人間の都合だけで残す木や伐る木を決めていいものではない。

優しい樹々

右は岩手県南部の天然林で見られた胸高直径 88 センチのブナ。キツツキが無数の穴を空けていた。キクイムシの幼虫をほじくり出したのだろう。左の絵は東京大学北海道演習林のトドマツ。クマゲラが根元近くに大きな空洞を開けていた。アリでも食べたのだろう。

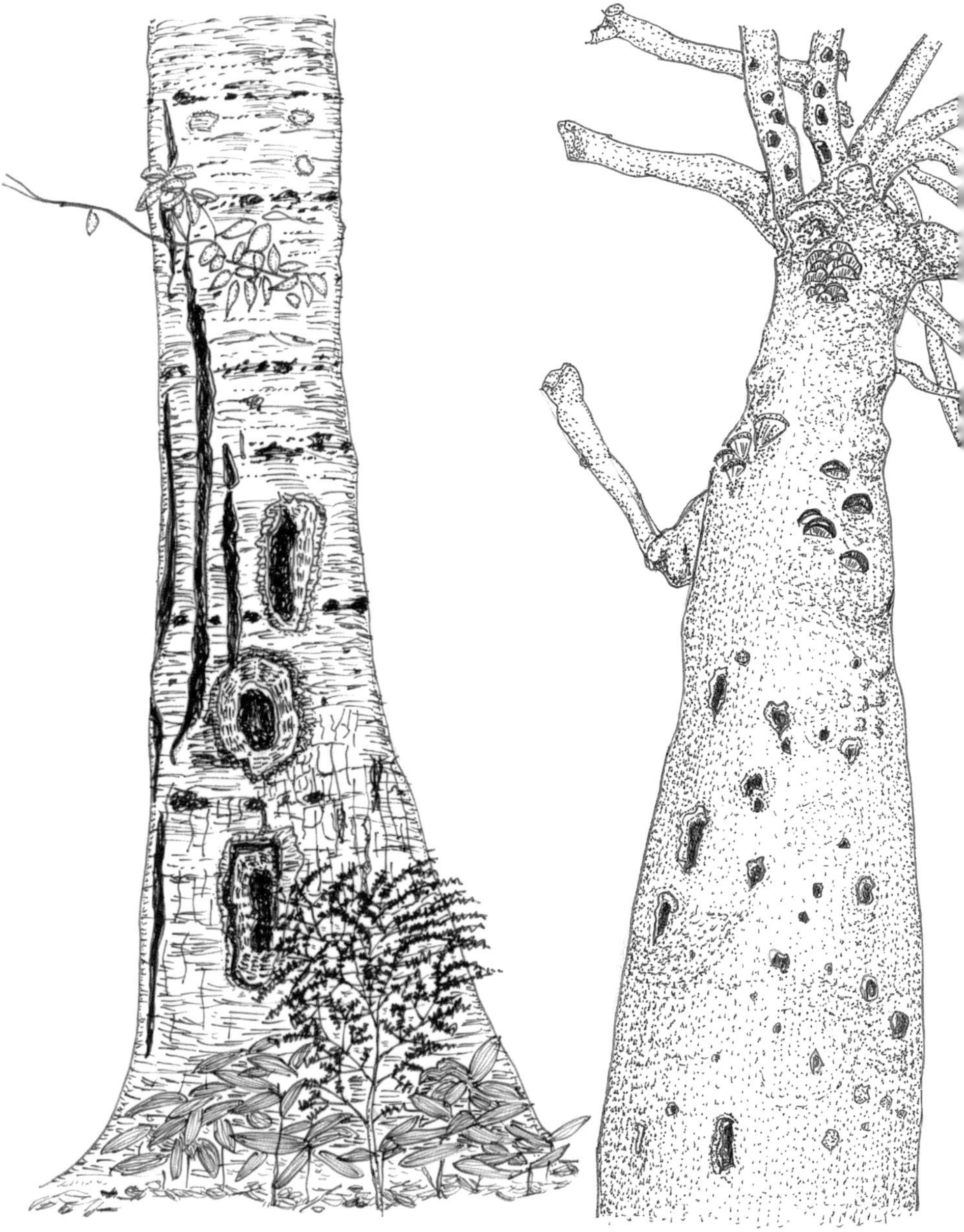

【ケンポナシ】玄圃梨

樹

タヌキを招く甘い果柄

山形県鶴岡市に金峯山《きんぽうさん》という由緒ある修験の山がある。社務所脇の沢筋に大きなトチノキがあり、その後ろに隠れるように直径四〇センチほどのケンポナシが立っている。

六月末の晴れた日に行ってみたら、大きな葉の上でたくさんの小さな花が咲き始めていた。珊瑚のように枝分かれした先に小さな蕾や咲き始めの花がたくさんついていた。この花柄が秋には太く膨らんでくる。果実と同じくらいの太さになった果柄は肉質を帯び梨のように甘くなる。

うまいと思うのは人間だけではないらしい。タヌキやハクビシンも大好物で、未消化のタネを糞と一緒に散布していることを山形大学の林田光祐さんたちが観

珊瑚のように枝分かれした先に花が咲く。花弁が５枚。花弁と花弁の間に雄しべが５個、真ん中に雌しべがある。まず、雄しべが突き立ってきて葯を開き花粉を飛ばす。そのとき、中央の雌しべはまだ小さい。雄しべが役目を終えて花弁の後ろにしなだれてくると、今度は雌しべの柱頭が伸びてきて３つに割れて花粉を受ける準備を整える。つまり、両性花ではあるが同じ花の花粉を受粉しないように雄しべが先に成熟するようである。

しかし、これは１本の木の観察結果である。他の木も詳しく調べてみる必要がある。

おいしい果柄は、ハクビシンやタヌキなどの種子散布者をおびき寄せる餌である。

北海道奥尻島から九州まで、朝鮮半島、中国にも分布する。

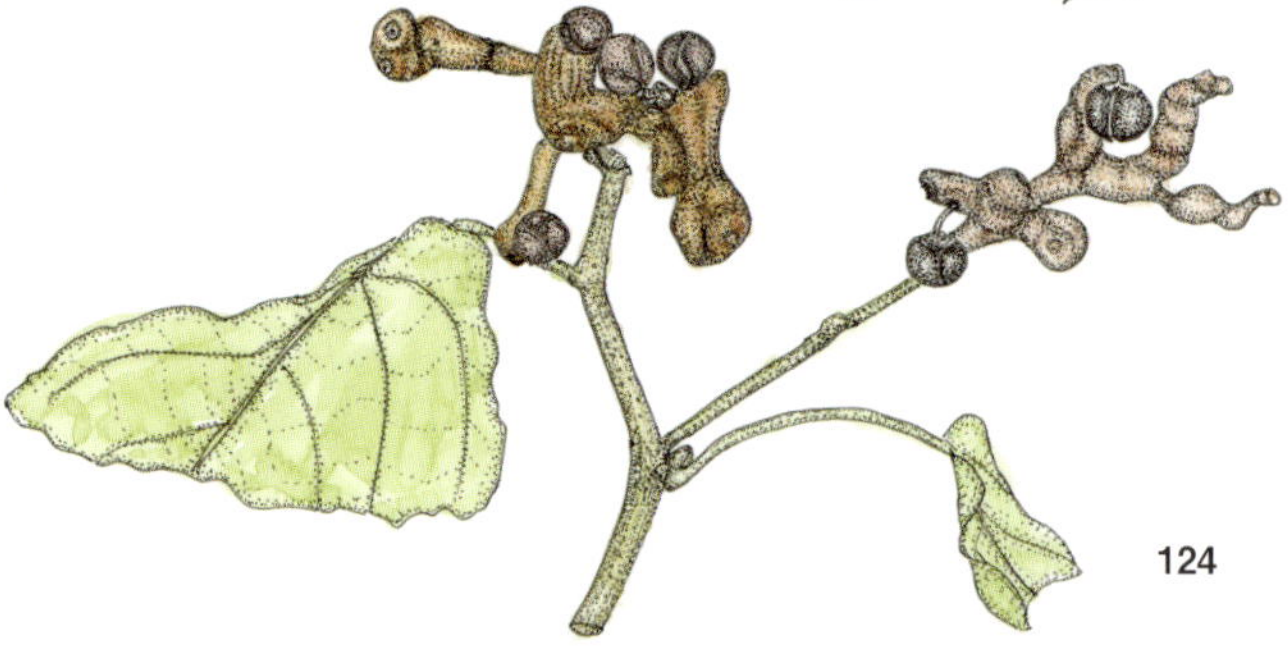

察している。しかし、ケンポナシのタネは消化管を通っただけでは発芽しない。もっと強く傷つけられないと発芽しないのである。

林田さんたちの推理はこうだ。彼ら動物たちはよく川沿いに行き、そこで糞をするので、種子は河川の氾濫などで流され、その際に傷つけられ発芽しやすくなっているのではないか。そう言われてみると、ケンポナシは川沿いに多いようである。果肉をもたないケンポナシが考え抜いた生き残りの術である。

材

杢がよく出る

茶色い木で玉杢、縮み杢など杢がよく出ます。重い木が多いが狂わず、カンナの仕上がりはいい。伊那ではチンピと呼ばれていて、かりんとうがゴチャゴチャとくっついたようにも見える甘い果柄ができ、庭によく植えられています。大木になり、直径九〇センチくらいのものを見たことがあります。削るとあまり良くないにおいがします。

以前、近くのお宮で「大きなハリギリだと思って切ったらどうも違う、何の木だかわからない」という連絡がありに行ったら、見たこともない大きさのケンポナシでした。どうしても欲しくなり、手に入れて製材したらすばらしい杢の板が出ました。テーブルその他に使いました。

［使用例］キッチン、テーブル、椅子、本棚、洋服ダンス、ドアなど。

【クヌギ】櫟

樹 燃やすより家具か建具

クヌギはコナラなどとともにシイタケのホダ木に使われる。クヌギやコナラの原木林は里山を知り尽くした人たちがこまめな管理をすることによって維持される。普段からの山の管理があって初めて、無農薬、無肥料の健康食品が食卓にのぼることに感謝したい。環境保全にもつながる食品なので、原木シイタケの評価はもっと高くなっても良いはずだと思う。薪や炭としてもクヌギは山暮らしの人たちにとって大きな収入源であった。同じコナラ属のミズナラ、カシワ、コナラなどと同じで火力が強く火持ちも良いからである。

しかし、近年は山間地に住む人も減り、薪の需要は都会に移った。少しずつ太りつつある薪炭林のクヌギ、コナラは格好の薪材として高く売られている。さらに近年のバイオマス燃料ブームは、広い面積の皆伐を促してい

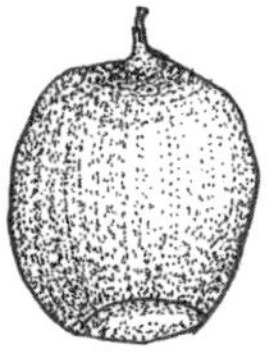

ドングリとはコナラ属（*Quercus*）の果実（堅果）のことをいう。その中でもとりわけクヌギのドングリは大きく、開花から成熟まで２年を要する。

帽子（殻斗）は細くとがった鱗片が反り返り、太い毛のようだ。多分、その風情が良いのであろう。小学生の子どもたちはミズナラやコナラよりなぜかクヌギが好きなようだ。

そう言われてよく見ると、パーマをかけたようにクルッとカールした髪の真ん中からドングリの丸い顔がのぞいているようでとても可愛らしい。

日本では東北南部から沖縄まで暖温帯に分布する。朝鮮半島、中国、台湾、インドシナ半島からヒマラヤにかけても広く分布する。

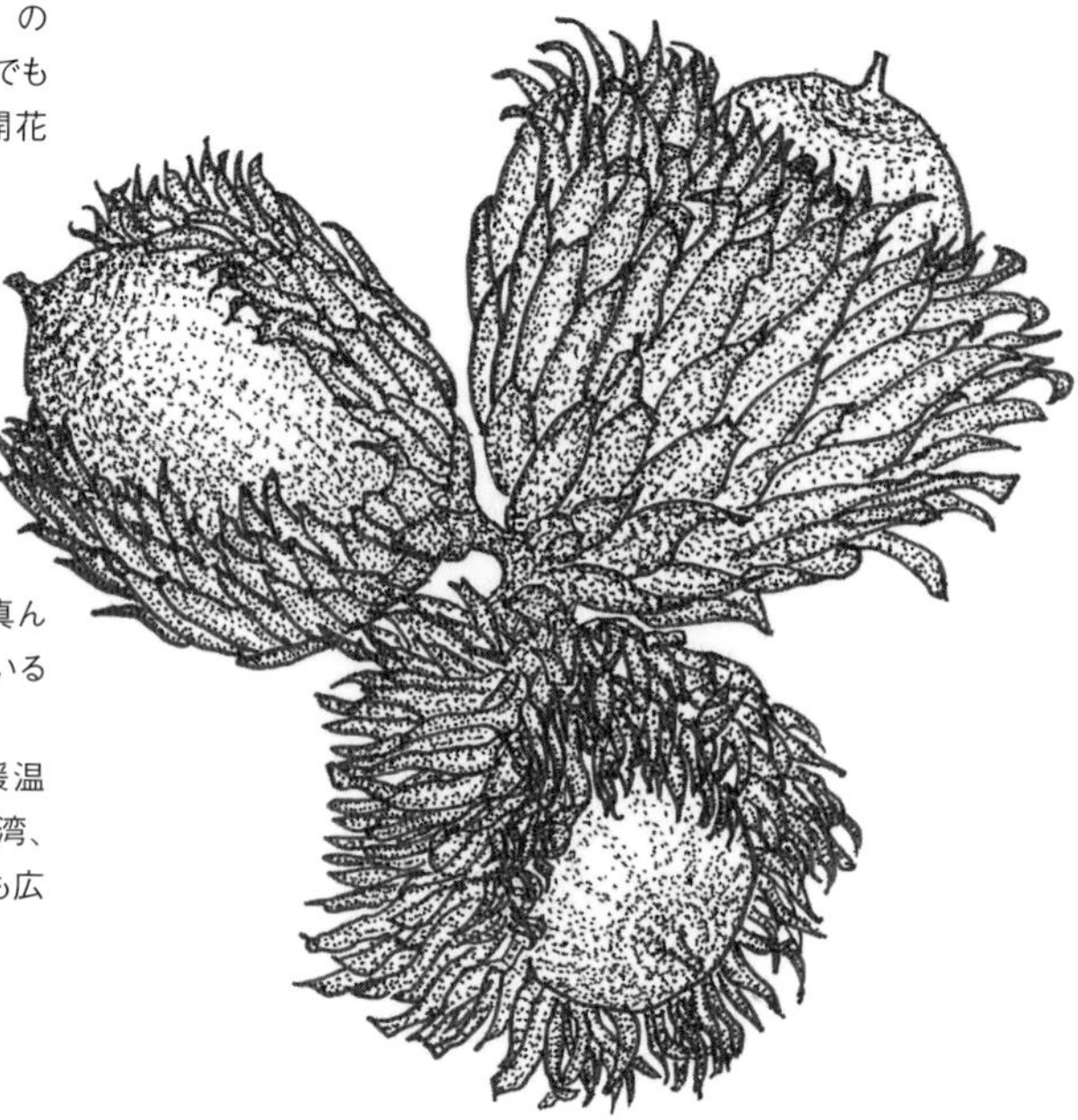

る。これがバイオマス発電となったら、はげ山になるだろう。山は荒れ、山間地はますます寂れるだろう。本来、山間地周辺の森林はそこに住む人たちの環境を守り、地域の経済を支えるためにある。燃料会社、発電会社のため、街での快適な生活のため、地球温暖化の元凶ともなる放逸な消費生活のツケを払うために里山があるのではない。里山の仕組みを知り、作業のキツさを知る山間に住む人のためにあるのだ。当面の暖房はスギなど針葉樹の間伐材で十分である。山間の地に住む人たちの生活や環境がこれ以上劣悪にならないように、そして里山から新しい生活の糧を得るようにしなければいけない。

それには、自家用以外、木々を燃やさないことだ。木質燃料材として安易に安く売らないことだ。クヌギは乾燥は難しいが材は硬くて色合いもよい。重厚な家具や建具になる。燃やすよりずっと儲かる。大事な裏山をはげ山にせず、高度に加工した家具・建具などを売って生活ができたら、山里は都会よりもずっと魅力的な地になるだろう。

材 とにかく重くて硬い

「とにかく重い」という印象です。今まで使った木の中で一番重いという印象です。赤い木でレッドオークやカシによく似ています。あまり狂いません。まっすぐ大きく育ちます。チップ工場や木材市場では直径七〇センチ以上のものを見たことがあります。それくらい大きくなると赤い色が油を帯びた感じになり、とてもいいです。子どもの頃はクヌギの林にカブトムシやクワガタを採りに行きました。大きく丸いドングリがなります。一本の木から大量に落ちますので、拾い集めてヤギに食べさせたら「ボリボリ」とおいしそうに音をたてて食べていました。

とにかく重くて硬い木なので、木ネジをもみ込むときには、下穴をしっかりあけておかないと途中で切れてしまいます。注文でクヌギのステレオラックを作ったら、あまりの重さに仕事場から運び出すのに苦労しました。この木もほとんど使われていないので、もっともっと使われてもいいと思います。

【使用例】ステレオラック、下駄箱、テーブル、箱物、引き出しの前板、ドアの鏡板など。

【クリ】栗

樹

花粉は飛ぶ

クリの種子（堅果）は谷を越えられない。ネズミは臆病である。谷を越えて隣の尾根まで運ぶものはいない。しかし、花粉は容易に谷を越えられる。マルハナバチやハナバチ、ハエやハナアブ、それにハナムグリ、カミキリモドキなどの小型の甲虫類までやってきて花粉を運ぶ。樹木は根が生えているので動くことができないが自分の遺伝子を少しでも遠くに分散して、血縁の近いものが近くに固まって住むことを避けようとしている。クリは柱頭にたとえ自分の花粉がついても種子ができない。自家不和合性である。しかし、近縁の親同士は子どもを作ってしまう。近所が親戚ばかりで近親結婚（近親交配）ばかりしていたのでは一族は滅んでしまう。だから遠くに飛ばすのである。

森のクリたちは子孫を残そうと懸命に頑張っているの

イガイガの殻斗から、1～3個の堅果が顔をのぞかせている。野生のクリの堅果（右）は栽培種（左）に比べかなり小さい。

クリの芽生えは、明るくて土壌が肥沃なところでは秋まで次々と葉を展開しながら伸び続ける。たとえ小さな堅果でも早く発芽すれば大きな堅果の芽生えの背丈に追いつくことができる。クリの親木は子どもが生き延びる確率を増やすため、あえて小さな堅果をたくさん作っているのだろう。

ブナ科クリ属は北半球に原生し約13種ある。そのうち、食用種の主なもの4種のうちの1つがニホングリで、日本固有種である。

北海道南部から屋久島まで分布する。

に、人間たちはそんなことはおかまいなしだ。クリの太い木は戦後消滅した。鉄道延伸の枕木として大量に伐採されたのである。縄文以来、腐りにくいので柱や土台として重宝されてきた。豊凶の波が小さいので果実も食料として貴重だった。

クリはいつも人間のそばにいた。これからもいてほしい樹である。もっとクリのことを深く知らなければいけない。クリをよく知ることがクリを大事に使うことにつながる。

材

穏やかな老木の板

明るい灰色の木です。アクの強い木で、雨や風に当てて乾燥させるときれいな灰色になります。クリの一番の特徴は、なんといっても水に強いという点です。加工するときや、水に濡れるとすっぱいにおいがします。

カンナでよく仕上がります。この木は硬いと思っている方が多いですが、そんなことはありません。とてもやわらかく粘りがある木ですので、穴は掘りやすいしカンナはかけやすいしで仕事は楽です。クリの仕事が入ると「オーいいねー」という感じです。おとなしいのでねじ

［使用例］ タンス、テーブル、椅子、フローリング材、キッチン、ドア、洗面台、本棚など。

れようとする力は弱いですが、伸び縮みの大きい木です。

鉄分を含んだ水がたれたり、ブリキの缶を置いたりすると木に含まれているタンニンと反応して黒く変色してしまいます。そのために木が弱くなるということはまったくありません。変色する部分はほんの表面です。サンドペーパーでこすればすぐにとれます。

古くは縄文時代、山内丸山遺跡の建築物などに使われています。伊那地方では屋根の板葺きの材はクリでした。私たちの生活の近くで、大物から小物まで何にでも使われている木です。

森林組合に直径一メートル以上、長さ四メートルという大木が出たことがありました。屋敷の木で家を傷めるからといって切ったそうです（クリのアクが屋根などを傷めることがあります）。何度も原木市場に出したが売れない、この木を買ってほしいという話でした。

実際に見てみるとこの木は使えないなと思いました。とにかく外観がすごく悪いのです。私はそれまでどんな丸太を見ても使えないと思ったことはありませんでした。実際製材してみると十分使える木ばかりでした。結局、森林組合の人に強く推されて買ってしまい、あまり大きいので伊那では製材できず、名古屋まで運んで製材しました。

どうせだめだろうと思って製材所まで行きませんでしたが、製材所から「すごくいいものが出たよ」と連絡がありました。老大木らしい落ち着いた木目、カミキリムシの幼虫による穴が無数に空いていましたが、まったく気になりません。幅一メートル以上、長さ四メートルの板になっても威圧感はなく、穏やかで、かつ一〇〇年以上の個性はしっかりもっている美しい板が出ました。このときばかりは外観ではわからないものだなと思いました。

でも、製材はこういうことがあるからおもしろいのです。クリはもともと狂わない木ですが、それだけ年数が経っていると狂おうとする気がまったく感じられません。虫穴をそのまま生かした一枚板のテーブルとして、全国にもらわれていきました。

【コナラ】小楢

樹

群れて生きる

東北の里山にはコナラが多い。東北大フィールドセンターにもコナラ林がいたるところに見られる。薪や炭、シイタケ原木などを採るために絶えず伐採を繰り返してきたため、切り株から素早く萌芽するコナラが優占するようになった。しかし、燃料革命や東電の原発事故による放射性物質の降下により放置され、今、どんどん太りつつある。

　このまま放っておいたらどうなるのだろう。フィールドセンターのすぐ隣にほとんど人手の入らなかった

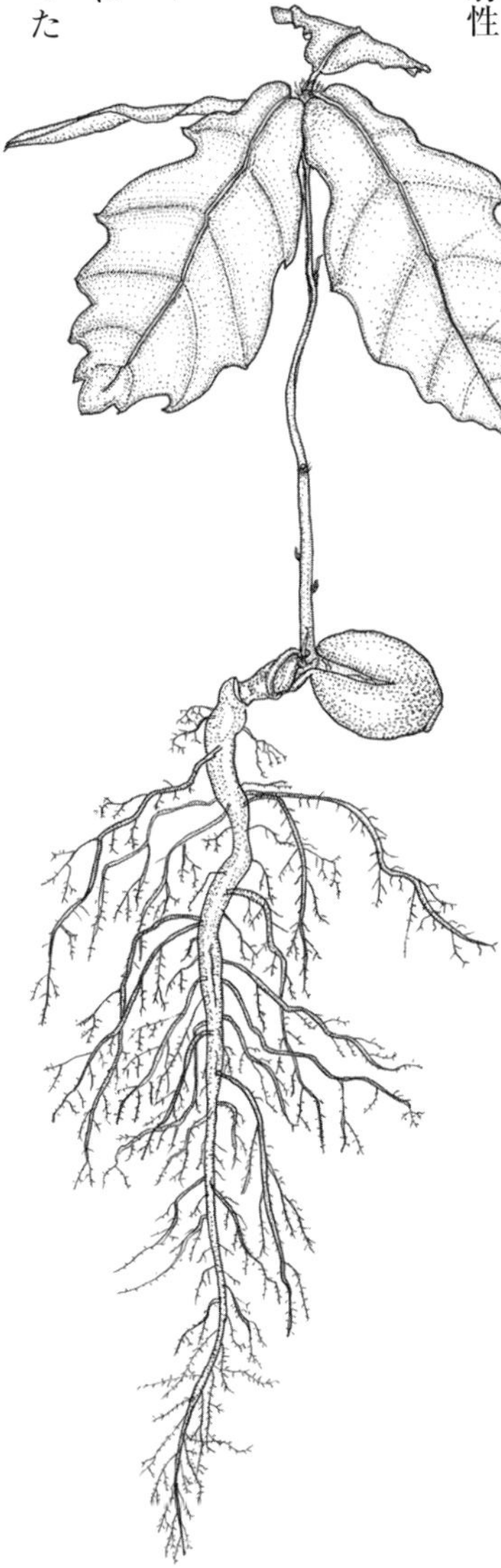

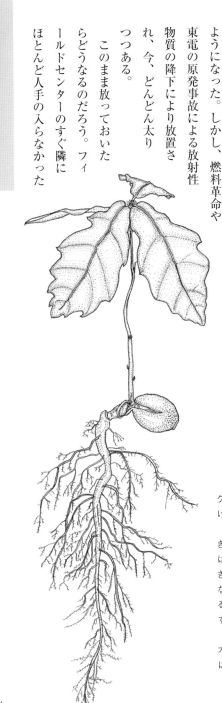

コナラの芽生えを掘り起こすと、丸い大きな子葉がドングリの形をしたまま残っている。まだ芽生えに養分を送り続けている。

子葉の葉柄の付け根（基部）にはすでに小さな芽ができている。地上に伸ばした主軸（上胚軸）の下のほうには小さな鱗片葉が見られるが、その基部にも小さな芽ができかけている。これらの小さな芽は木が成長しても開くことない。樹皮の内側に待機し続ける。潜伏芽と呼ばれているが、これらは木が伐られたときにだけ開く。コナラを伐採すると切り株に埋もれた潜伏芽が芽吹くのである。

芽吹いた新条（シュート）は葉を展開しながら伸びていく。木はもう一度再生するのである。だからコナラやクヌギなどはいつまでもシイタケや炭焼きの原木が採れるのである。

老熟林があるので調べてみると、ブナやミズナラ、トチノキなどの遷移後期種が優占している。コナラはとても少なく、胸高断面積合計で全体の二％に過ぎない。隣接する老熟林のように遷移していくのだとしたら、フィールドセンターのコナラ林もいずれ耐陰性のある遷移後期種が優占する森になっていくと予測される。

しかし、近隣の別の保護林では直径が一メートルを優に越えるコナラがブナやミズナラに劣らぬ優占度で混じっているところもある。フィールドセンターでも、人のあまり入っていない斜面には太いコナラが十数本から数十本単位の集団で残っているところもある。ある程度の集団をつくりながら太くなっていく場所もあるようだ。別に気象や土壌が特に変わった場所で他の樹種が入れないような場所でもない。なにか理由がありそうだ。

コナラがまとまって集団でいることは、外生菌根菌と共生関係を結ぶことと、深い関係がありそうだ。コナラの芽生えを観察していると、親木の近くで発生したものほど親木から遠く離れた場所で発生したものより、よく生き残り、また、よく育つようだ。芽生えの根を掘り起こし顕微鏡でよく見ると成木に近い芽生えほど根に外生菌根菌が感染している。外生菌根菌の菌糸は細く長く、芽生えの根では入り込めない狭い土壌の隙間まで入り込んで栄養分や水分をかき集め、芽生えに供給しているのである。だから、親木の近くほど、子どもが大きく育つのである。

しかし、この傾向はミズキやサクラ類などとは逆である。ミズキやサクラ類では親木の下では子どもたちは葉の病気などで全滅してしまう。いわゆるジャンゼン–コンネル効果が強い。それでは、どんな樹種でジャンゼン–コンネル効果が強く、逆にどんな樹種で弱く、むしろ菌根菌の効果が強いのだろうか。

近年おもしろい報告が相次いでいる。熱帯林やアメリカの温帯林では、一つの森で集団を作るような樹種ほどジャンゼン–コンネル効果が弱いことが報告されている。日本の森で言えば、つまり、コナラやブナ、ミズナラなどの優占種ではジャンゼン–コンネル効果よりも菌根菌の正の作用が強く、親木の周辺で子どもが生き残りやすく、その結果大きな集団を作るのではないか、と考えられている。しかし、ほとんどの樹種はジャンゼン–コンネル効果が強く優占種にはなれない。一つの森の中では

それぞれの樹種が病原菌や菌根菌との相互作用の結果、その優占度を決めているのであろう。まだまだわからないことは多い。いずれにしても、自然のメカニズムをよく理解しながら森を管理していかなければならない。

コナラは北海道南部から種子島まで広く見られ、中国や朝鮮半島にも分布する。

材　しっかり時間をかけて乾燥

里山に生えているナラはほとんどコナラです。色はミズナラと同じです。以前は薪や炭として利用されていましたが、今はその需要もあまりないのでかなり太い木になっています。細長いドングリがなります。ミズナラと比べたら年輪の幅が広いこともあって、材は重いです。クリ・ナラ・ケヤキ・ハリギリなどでは年輪の幅が広くなると重くなります。ミズナラよりも加工はしにくいです。

大工さんに、柱と土台などを固定する「込み栓」を作ってくれと言われて二・四センチ角、長さ九〇センチのものをコナラで大量に作りました。三〜四年天然乾燥させたものです。作る前はぐにゃぐにゃに曲がってしまうかなと思ったのですが、実際はほとんど動かずにまっすぐな込み栓ができました。それまでコナラは狂うものと思い込んでいましたが、コナラでもしっかり時間をかけて乾燥させれば狂わないものだなと初めてわかりました。

コナラとミズナラの生えている境目あたりには「あいのこ」もできるようで、東北のチップ工場で直径九〇センチ長さ四メートルという「あいのこ」を買ったことがあります（この一本をトラックに積んだらトラックがグシャッとつぶれてしまいそうなほど重かったですが）。テーブルなどを作りましたが、コナラに近いかな、という感じでした。

ミズナラとほとんど同じですが、障子の組子のようにあまり細く使うということはありません。やはり塊で使う感じです。

【使用例】キッチン、洗面台、階段板など。

column 13　森林棄民

コナラやクヌギはシイタケの原木として長く利用されてきた。東北大学のフィールドセンターでも原木シイタケの生産を長く続けてきた。毎秋、直径一〇〜二〇センチほどのコナラを伐採し一メートルほどの長さに切り揃え、シイタケの菌を植え込んだ。菌糸が蔓延したホダ木からは毎年たくさんのシイタケが収穫された。コナラは伐採後も伐根から萌芽枝がスッと素早く伸びる。二〇年もしないうちに再びホダ木に適した木々を伐採できるようになる。もちろん、肥料も農薬も不要だ。このように、シイタケ原木生産はいつまでも現金収入のメドが立つ循環型の自然産業であった。

しかし、シイタケ生産は突然中止させられた。福島第一原発が放出した放射性物質が大量に降下し、原木が汚染されたのである。シイタケの菌糸は表面に付着したセシウムをかき集め、子実体（キノコ）に濃縮する。その結果、シイタケの放射性物質の濃度は許容される基準を大きく超え食べることはできない。遠く離れた都会の人は汚染されたシイタケを食べなければ良い。誰一人困らない。しかし、山村にはシイタケで生計を立てている人たちが多くいる。生シイタケや乾燥シイタケの販売、原木の販売、それに菌床栽培用の大鋸屑の販売をする人もいる。いずれにせよ、長年繰り返してきた生産体系は一瞬で崩壊した。原発から降下した毒物は、山村での収入の道をある日突然、絶ったのである。

さらに困ったことに、コナラやクヌギは若いうちに伐採しないと萌芽しなくなる。樹皮が厚くなるため潜伏芽が出にくくなるという説もあるし、若いうちは萌芽による無性繁殖をするがある程度大人になると有性繁殖に専念しようとスイッチする、といった説もある。いずれにしても、このままでは、ホダ木に適したサイズより大きくなってしまい、伐採（販売）・萌芽・伐採（販売）といった短期の収入サイクルが崩れ、汚染地域ではシイタケ関連産業は壊滅するしかない。森の産物で生計を立ててきた人たちにとっては健康な森だけが将来を保証してくれていたのである。しかし、国も東電も森林の除染など端からやる気はない。森林を生業の場とする人たちをなんと考えているのであろうか。このままでは森林棄民である。

なぜ、都会から離して原発を置くのだろう。危険だからである。わかっていてそうしたのはすでに犯罪である。しかし、犯罪は風化する。

原発事故から六年が過ぎた。街に住む人たちの想像力はまだ健在だろうか。自分たちが使った電源が山里を汚したままであることを思い起こす人は少なくなったのではないか。しかし、もう一度、考えてみよう。原発の発電メカニズムや再処理メカニズムがいかに不完全で完結性のないものなのかを。原発システムの稚拙性は、自然生態系の生物生産や環境浄化のシステムと比べるとよくわかる。長い地球の歴史の中で作り上げられた緻密で柔軟な完成度の高いシステムを学び、地球で長く生きていくためにはどちらのメカニズムを選択すべきなのかを早く決断しなければならない。地球が作ったメカニズムの緻密な合理性を、未だに人類は知らないまま、児戯に等しいおもちゃ作りから離れられないでいる。幼児性も極まれりだ。

短期間だけ特定の人が栄える原子力村の阿漕《あこぎ》な経済の論理ではなく、生物社会の共生の論理のもとでしか人類は生き延びてはいけない。我々はもっと樹木から、森から学ぶべきだろう。

我々山村の人間は泣き寝入りなどしない。シイタケ生産はすぐには再開できないけれど、どんどん太くなるコナラやクヌギで立派な無垢材の家具を作る。乾燥は難しいがうまくやれるコツはある。有賀さんのように知恵を絞って家具・建具を作ろう。とても重厚で落ち着いたものになることは間違いない。まずは、東電や経産省に高値で買ってもらおう。いや、もっと素敵な人たちがきっと買いに来るだろう。

ツルリンドウ

【ヤマナシ】山梨

樹

山里に咲く白い花

花は純白である。白い花弁の中をのぞくと薄桃色の雄しべの葯が見える。桃色の薄さがとても清らかな感じがする。そのせいだろう、咲き始めの頃には木全体に楚々とした雰囲気が漂っている。しかし、花の命は短い。花粉を飛ばすと葯はすぐに空っぽになり黒くなる。

秋には直径五～七センチほどの小さな実がなる。かなり硬いのでまずいだろうと思って齧《かじ》ってみると、これが、ことのほか「うまい！」。自然の甘みとほどよくざらついた食感が口の中に広がる。学生たちもうまいといって、棒で落としてたくさん食べていた。

森の中ではあまり見かけない。明るい林縁などでたまに見かける程度だ。むしろ山里の人家の近くでよく見る。多分、植えたものやそこから自然に増えたものだろう。木自体もそんなに大きくならない。街路樹や庭木として

庭に小さな芽生えを植えてから13年目でやっと最初の花が咲いた。しかし、まだ実はならない。

食用の和ナシの野生種で、本州、四国、九州の人家近くに自生する。朝鮮半島、中国にも分布する。

もっと植えられてもよい。花を見て、そのあと、梨が実るのをずっと待って暮らす日々も悪くない。

材　やわらかく穏やかな木目

材は二十世紀梨とほとんど同じです。というよりも、二十世紀梨がヤマナシとほとんど同じと言ったほうがいいのかも知れません。木目はやわらかく穏やかです。カンナの仕上がりもよく、ほどほどに硬い。ヨーロッパではこの木でリコーダーを作ります。

山形県小国町の私の友人の家が、ダムに沈んでしまうというので庭にあった直径六〇センチくらいの木をいただきました。こんなに大きな木は珍しいようです。辺材は茶色をうすくした色、心材は目をみはるような濃い赤でした。これから大切に使っていこうと思います。

［使用例］ドアの鏡板、キッチン、水屋ダンスなど。

【クズ】葛

樹 生活の糧

クズはスギやヒノキの天敵だ。すさまじい勢いで幼木に覆い被さり、光を奪い死なせてしまう。だから「つる切り」をしないと人工林は成立しない。

今では新植地も少なくクズの猛威は耕作放棄地に移った。家の前の放棄田でも地面を這い回り、コナラやネムノキ、ヤマグワなどの若木に絡み、人が踏み込めない藪を作っている。刈り払ってもすぐに再生してくる。

しかし、いつまでもこんな状態が続くわけではない。東北大フィールドセンターでも放牧地や炭焼き跡地を放置すると、クズやフジはしばらくは灌木に混じり生い茂っていたが、高木が成長するにつれゆっくりと消え藪は森になっていった。クズは人間が自然を大きく撹乱すると大暴れするが、樹木の成長とともに衰退する。暴れる

クズはどこまでも絡みつきながら登っていく。それだけではない。先端まで行くと今度は下り始める。結果的に植物の全表面を覆い尽くして相手を枯死させる。恐ろしいといえば恐ろしい。

日本全土、朝鮮半島、台湾、中国、東南アジアに広く分布する。

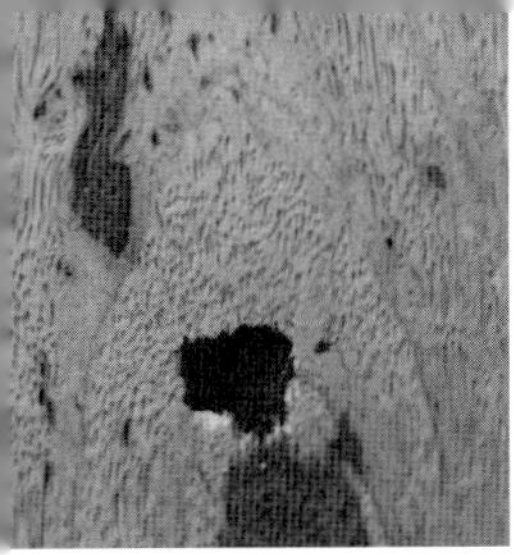

のは森林の遷移の長い時間の中では、ほんの一瞬に過ぎない。

古来、人間はクズの旺盛な生産力をむしろ有効に活用してきた。勢いよく伸びるつるからは籠や葛布を編み、太い根から採れる上等なデンプンで葛湯、葛きり、葛餅などを作った。家畜の餌となるばかりか、若芽は天ぷらにするとニュルッとした食感がたまらない。クズは貴重な生活の糧だったのである。

ただ敵に回すのではなく、自然の恵みとしてうまく利用できたらもっと生活も楽しくなる。すべての植物を利用しながら共存する知恵が必要だ。

材 美味しそうな縞模様

山に入ればいくらでもあるつるです。乾燥すると黄緑色の縞模様で、見るからにおいしそうです。

直径一五センチくらいのものを知人がもってきてくれました。こんなに太いものは初めてだと期待して早速に割ってみましたが、中がふけてしまっていて（腐る直前）残念ながら使うことができませんでした。栄養があるから、腐るのも早いのかな。

薬ダンスの前板に使ってみたら、色合いがとても良い感じでした。

【使用例】 薬ダンスの前板。

若いネムノキに登ったクズ。前の年、幹に絡みついたクズを鉈で切ったので死んだツルが垂れ下がっている。しかし、その後に地面から這い登ったクズが縦横無尽に絡みついている。

いったん、樹冠のてっぺんのほうまで到達すると、そこから垂れ下がってくる。春が来るとさらに新しいツルを伸ばし、樹全体に絡みつくだろう。そして大きな葉を開くならば樹冠全体がクズに覆われ、ひとたまりもないだろう。

【サルナシ】猿梨、コクワ

樹 クマから横取り

サルナシといっても北海道では通じない。コクワと呼ぶ。コクワに出会うのはキツイ山仕事での大きな楽しみだ。学生時代、斜面崩壊調査のアルバイトで富良野の沢を登っていたとき、鈴なりのコクワに出くわした。太いコクワのつるが低い木に縦横無尽に絡みつき、高さ三〜四メートルのところからたくさんのつるが垂れ下がっていた。中では木がへし折られたようになっていた。キウイを小さくしたような果実が何百何千もたわわになっていた。止まらないほどにおいしいのが完熟したコクワである。周囲には新しいヒグマの足跡と新鮮な大きな糞がいくつもあった。ヒグマ独特のにおいがそこらじゅうに漂っていた。直前までここで食べていたのだ。運動会用のピストルで紙火薬を打ち鳴らしながら歩いていたので急いで逃げたのだろう。

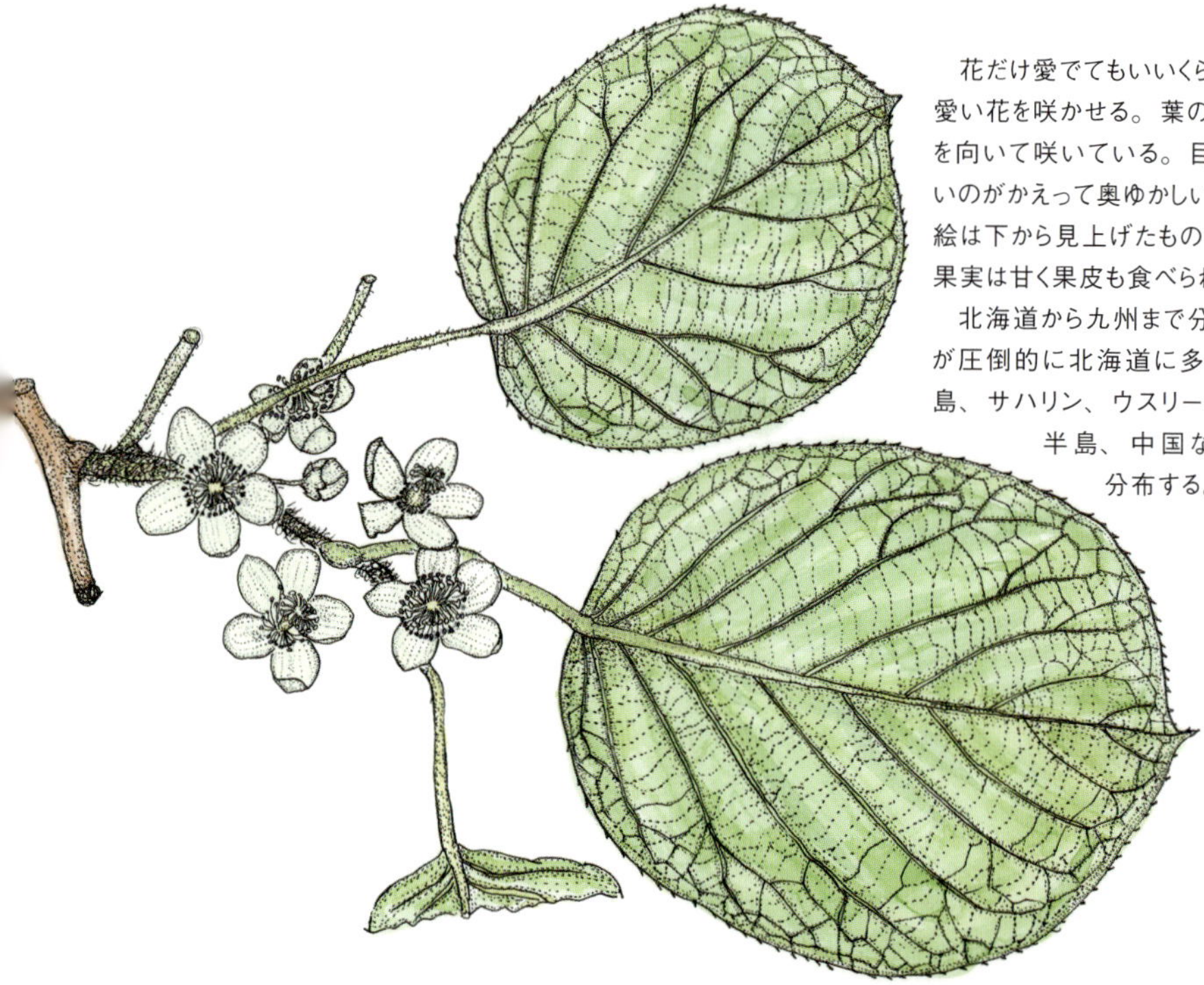

花だけ愛でてもいいくらいに可愛い花を咲かせる。葉の裏で下を向いて咲いている。目立たないのがかえって奥ゆかしい。この絵は下から見上げたものである。果実は甘く果皮も食べられる。

北海道から九州まで分布するが圧倒的に北海道に多い。千島、サハリン、ウスリー、朝鮮半島、中国などにも分布する。

横取りしたようだ。近くで恨めしそうに見ているような気がして居心地が悪かったが、あまりのうまさに詰め込めるだけ詰め込んだ。その後、「ケツガカユクナッタ」ことを覚えている。

　サルナシのつるは腐りにくく丈夫なので吊り橋などに用いられた。果実を存分に味わい尽くしたら、最後は丈夫な資材として利用できそうだ。

　しかし、つるを見たらすぐに鉈で切ってしまう、といった慣習が林業にはある。日本のどんな森林でも時間が経てば多様な植物が生活するようになるのは自然界の必然なのである。それを無理に単一種のみ育てようとする。そういったせっかちな習慣を見直さない限り、太いサルナシは将来もあまりお目にかかれないであろう。

　これからはつるも含めた多様な樹種の木材利用を目指し、食品・材などとしてすべて利用していくほうが無理のない林業の方向性だと思うのだが。

材

花も材も

　あるイベントで一緒になった花道家がサルナシを生けていました。イベント終了後、それをいただいて製材して乾燥させて使ってみました。直径五センチと細いせいなのか、年輪はわからず、色も、木肌もまったくラワンとかペルポックというような南洋材とよく似ています。色は茶色でカンナ仕上がりも良いです。

【使用例】 引き出しの前板。

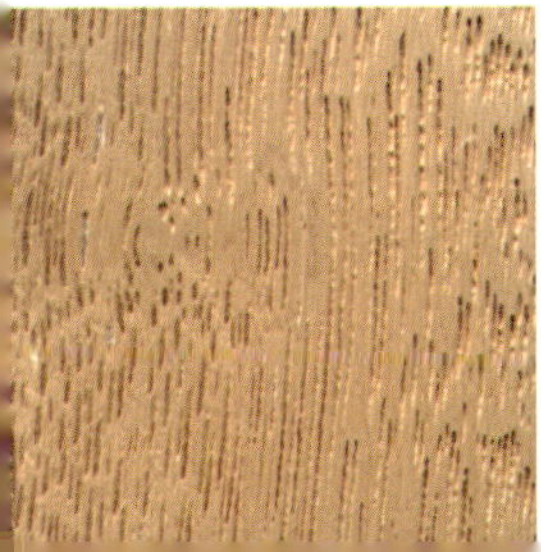

【ヤマブドウ】山葡萄

樹　原始のにおい

アカエゾマツのタネ採取のバイトに出かけた。その帰り道、鈴なりのヤマブドウを見つけた。大量に採れたので瓶につめてコルクで栓をしておいたが、夜中にポンポンと音を立てて栓を飛ばし、半分は流れてしまった。残りは放置したので酢になってしまった。酒はできなかったが、樹高三五メートルの木の先端から見る定山渓《じょうざんけい》の森は奥深い感じがした。

十勝の浦幌町の天然林には直径一五センチほどのヤマブドウが、直径八〇センチ、高さ三〇メートル近いハリギリによじ登っていた。年輪を数えたら八〇年だった。マレーシアの熱帯林にも同じくらい太いつるが何種類もあり、直径二メートルほどの木にひげ根を出してへばりつき、五〇〜六〇メートルの高さまで這い上がっていた。太いつるが見られる原生林は心が躍る。太いつるは原

ヤマブドウは実も良いが葉の色合いも良い。鮮やかな赤紫の葉脈が真緑の葉としっくりと調和している。自然の妙である。絡む相手を探そうとしてつるの先端は右に左に触角を伸ばしている。

北海道、本州、四国に分布するがサルナシ同様、圧倒的に北海道に多い。南千島、樺太、アムール、ウスリー、韓国の鬱陵島にも分布する。

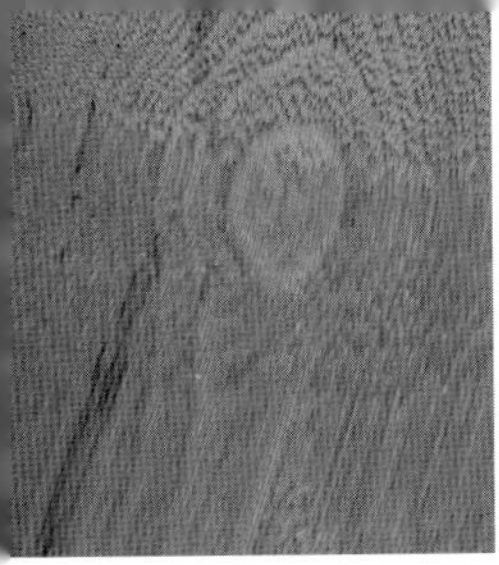

始のにおいがする。しかし、地球上から太いつるが見られる森はほとんど姿を消した。

材

けっこう太くて趣あり

山の手入れで山に入るとヤマブドウが木に絡まっています。これに巻きつかれると木がだめになるのでつるを切ります。太いものになると直径一〇センチほどにもなります。それを山から持ち出して製材して乾燥させて使います。年輪も割合出ますし、思ったより重く、乾燥させてしまえば狂いません。

色は茶色でサルナシとまったく同じで、なかなか趣があります。近くのブドウ園で切った木をもらってきて乾燥させてみましたがほとんど同じでした。

【使用例】ソーイングボックス、小引き出しの前板など。

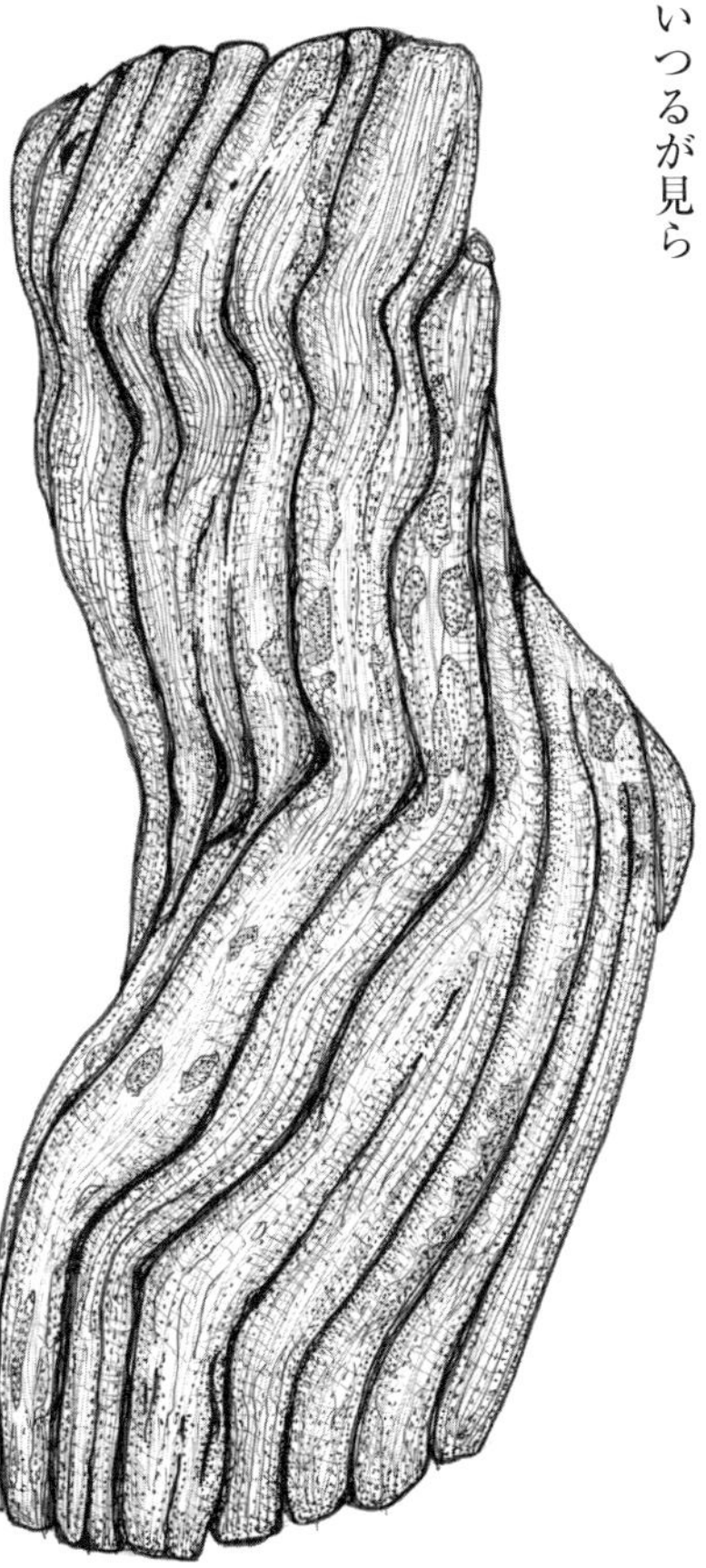

北海道の浦幌町の原生的な広葉樹林で見られたヤマブドウの幹のサンプル。今では少し乾燥して縮んだが、それでも直径は 15 センチ、太いところは 18 センチもある。樹齢は 80 年だ。別に採取した直径 3.8 センチと 11.2 センチのヤマブドウの年輪を数えると、それぞれ 42、53 年生であった。

他にも太いツルがたくさんあったので伐って年輪を数えてみた。直径 7.3 センチ、9.7 センチのサルナシ（コクワ）はそれぞれ 71、69 年生であった。直径 5.9 センチのマタタビは 69 年生であった。これだけ太いツルは今ではなかなか見ることはできなくなった。太いツルがふんだんにあった拡大造林以前は、大量の果実を実らせ動物や鳥たちを喜ばせていただろう。

これらのツルは試験地の中にあったので本来は調査対象木で残すべきだったのだ。後の祭りだったせいか、先輩にあっさりと注意されただけだった。内心マズイと思っていたが、その数年後、試験地の周囲が皆伐され試験地の用をなさなくなった。

このブドウの一部を輪切りにして鍋敷きにした。ときどき原始の森が思い出される。

column 14　太い木は伐らない　木の実を動物たちに

クマが冬眠をするのは、寒い冬をじっと動かないことで消耗を防ぐためだと思われている。じつはそれは怠惰なオスだけの話である。メスはそれどころではない。冬眠窟で子を産み、大きく育てなければならない。

メスは夏頃にオスグマと出会うがすぐには妊娠しない。受精卵が着床するのは秋の終わり頃、それも木の実を大量に食べ母体の栄養状態が良いときにだけ妊娠できる。そして冬の冬眠窟で小さな未熟児を産む。オスがウツラウツラしている間、暗い冬眠窟でメスは授乳し赤ん坊を大きくしなければならない。しかし、木の実が不作の年には脂肪分の多い母乳が出ない。そのためか、不作年の翌春には冬眠窟から出てくる子どもの数は少ないという観察結果がある。

今、森にはクマの食べられる木の実が少ない。スギやヒノキといった針葉樹林に変わったからだ。また、広葉樹林も細い木ばかりで木の実が少ない。太い木は細い木よりも格段に大量のタネを実らす。またブナの細い木はなかなか豊作にならないが、太い木は他の木が不作でも少しだけタネを実らすことができる。つまり、太い木ほど凶作になりにくい。一本一本のブナの豊凶を長年調べていた山形大学の小山浩正さんはそう言っていた。

近年の林業は太い木から順番に伐ってきた。日本の太い木は三〇~四〇年前までにほぼすべて伐り尽くしたのだから、しばらくの間、他の生き物に残しておくのが同じ地球に生きる者としての「仁」であり「情け」ではないだろうか。太い木を伐れないからといってヒトは死ぬわけではない。ここ一〇〇年は我慢しても良いのではないか。ヨダレが出ても我慢して中小径材のみを抜き切りする。それでも、使い方次第で十二分に木の良さを堪能できる。森林が再び成熟したら、太い木も細い木も同じ割合で伐る全層の抜き切りをしていけば良いだろう。

しかし、実のなる太い木がどんどん増えれば、クマが増え、人間に危害を加える危険性が今よりも高まるのではないか。そう考えるのも無理はない。だが、クマが人里に下りてくるのは、山に食べ物が少ないためだけではなく、何よりも山里の活力が低下し人間が怖くなくなったためである。林業や林産業が活発になり山間地に多くの若者が住み、藪を畑にし犬が吠えれば、クマは怖くて自ずと山に逃げ帰るであろう。帰る場所に餌があるように太い木を残すのである。それでも、里に下りてくるなら喰うしかない。人もクマもそれぞれの生活場所で互いに元気でいれば良いのである。

トチノキの巨木
大きなトチノキが急斜面に立っている。太い根を広く八方に伸ばしている。自身を支えるために伸ばした根は斜面の土石をきつく縛りつけ、その移動を抑えている。直径 1 メートルを超えた巨木の樹齢は中が空洞で確定できなかったが、推定すると 300 年以上 500 年未満であった。分厚い樹皮が剥げるので持ち帰って研究室の看板にした。樹皮もおもしろい文様をもつが、それを剝ぐとさらに鮮やかな文様が浮かび出た。

【サワラ】椹

樹 サワラにまつわる記憶

物心ついたとき、家の周りはぐるりとサワラの木であった。祖父が若い頃に植えたものだ。抜き切りしたサワラを近所の製材所で挽き、湿気に強いので床板に敷いていた。家の修理や大きな作業場もすべて自前の山や屋敷林の木を自分たちで伐り、製材所に運び、挽き、ほとんど自分の手で作っていた。屋根など難しいところだけ大工さんに手伝ってもらっていた。分業化されていない時代は人の手が器用だった。

小学生の頃、根が板根《ばんこん》のように張ったサワラと土蔵の間の狭い空間が好きだった。ウスバカゲロウの幼虫が潜む蟻地獄をいじっているうち

同属のヒノキと交配し種間雑種を作る。どうりで葉はよく似ていて、両者ともに鱗のような鱗片葉をもつ。ただ葉の先がヒノキよりとがっているので区別できる。
岩手から九州まで自生する。

にいつしか夕方になっていた。サワラの葉の合間からこぼれる陽の光が穏やかで、時間が止まったような場所だった。長い間ずっと思い出しもしなかったのに今になってふっと、縦に細く裂けるサワラの樹皮とともにあの頃の気分がよみがえってくる。

あれから五〇年以上も経ち、兄夫婦がトラックに乗ってサワラの板をはるばる届けに来た。台風で根返ると近所に迷惑なのですべて伐ったのだと言う。さっそく、カンナをかけ、足をつけ、柿渋を塗り、長い和机を作った。一〇〇年の歴史が刻まれた机だが、出来が今一つなので、これからどうするか。

材

伊那谷の材はピンク

江戸時代の初期に、木曽を管理していた尾張藩が「木曽五木」として保護政策をとった木の一つです。ほかにはヒノキ、ネズコ、ヒバ、コウヤマキが挙げられ、現在も特産品のブランドになっています。日本で二番目に軽い木といわれています。ヤニが多く水に強い木です。板にして二枚重ねておくとヤニでくっついてしまうほどです。材は黄色からピンク色までいろいろあります。木曽谷の天然サワラは濃い黄色ですし、山一つ越えた伊那谷のサワラはピンク系が多いです。やわらかくて軽い木ですので、カンナの刃をよく研がないとうまく仕上がりません(特に辺材の部分)。まだ見習いの頃(昭和四〇年代前半)、雨戸をよく作りましたが、仕上げるのに苦労しました。

ヒノキに比べると、優しい、やわらかいにおいです。やわらかいですが水に強いので、伊那地方では外壁（下見板）に使います。また「おひつ」や寿司桶に風呂桶、障子、襖などに使います。ヒノキより下に見られる傾向がありますが、そんなことはありません。サワラはサワラでいい木です。

【カラマツ】唐松

樹

白い山並みに浮かぶ黄金色

カラマツは日本唯一の落葉針葉樹で、本州中央の亜高山帯周辺の限られた地域に分布する。

戦後、主要造林樹種として主に北海道、岩手、信州に植えられた。一九八〇年代、北海道には二〇～三〇年生の若齢林を主に五〇万ヘクタールもあった。炭鉱の坑木需要を見込んだものだが目論見が外れ、誰も手入れをしなくなった。若い植林地は先枯れ病やハラアカハバチに襲われた。混んだ林は強風で倒伏し、キクイムシが追い打ちをかけた。その頃の我々の研究テーマは過密林分を健全林分に誘導する間伐方法であった。先輩たちの努力で、今ではカラマツは太くなり建築用材として利用されている。

とはいえ、カラマツ造林の苦難の歴史を省みると、これからは同じような大面積の単純林造成は避けるべきだ

カラマツの枝には２タイプある。短い枝に葉をたくさん輪生する「短枝」と、葉を次々と開きながら当年生枝（シュート）を長く伸ばす「長枝」である。

短枝の葉は樹冠の下のほうに多く、光合成能力は低いが木全体の成長の下支えをしている。長枝は樹冠の上の明るいところに多く、高い光合成能力をもつ葉を次々と開きながら伸び樹体を作っていく。

開葉間もないカラマツ林は、短枝も長枝も開き始めたばかりで、細い薄緑の針葉がちりばめられたような優しい色合いをしている。

ろう。カラマツは太くなるほど材質も安定するので伐期は一〇〇年以上でもよいだろう。しかし一〇〇年もの長い間、経済が安定している保証はない。手入れができない時期が必ずくる。手入れをしなくとも崩壊しない森にする必要がある。

これからは、大面積の単純林造成は避け、ほかの広葉樹などと小面積の群状混交や疎植による単木混交をすべきだ。すでに成林しているカラマツ林も間伐を繰り返すことによって広葉樹との混交を促すことができる。そうすることによって、病虫害・気象害を未然に防ぎ、持続的な木材生産が可能となり、カラマツの太い柱を使った丈夫な家に住むことができる。カラマツの材は赤みがとてもきれいである。

十勝の丘陵に広がる豆畑やジャガイモ畑、その背後にはミズナラ林などと混じりカラマツ林が鮮やかなパッチワークを見せている。晩秋には黄金色に染まり白い日高の山並みに浮かぶ。本州にはない絵のような風景である。いずれ混交林にしていけば、さらに美しい姿を見せてくれることだろう。

［使用例］ テーブル、椅子、キッチン、フローリング材、外部建具など。

材

使い込むほど増す飴色の艶

赤くてヤニ油脂が多いので水にも強く、私のところでは外部に面したところの木製建具によく使います（たとえば窓の木製サッシ）。一〇〇年を超えたカラマツの柾目は北米産のベイマツの柾目と区別がつきません。色、年輪の濃さなど見た目がよく似ています。

この木の魅力はなんといっても使い込んで飴色になった艶です。たまりません。仕事場の椅子も使い込んでいい艶が出ています。

家具も作っていますが、椅子はやわらかい感じがして長く座っていても疲れません。強度もあり使い方さえ気をつければ（たとえば木《き》表使《おもてづか》いにするなど）家具にも向いていると思います。

長野県では戦後大量に植林されて、七〇～八〇年経ってそれが搬出されるようになったので量はしっかり確保できます。夏目がやわらかいので使っているうちにうずくり（二〇五頁参照）になります。それもまた魅力です。

明治時代には成長が早く虫にも強いということで、苗木がヨーロッパに輸出されました。今でもドイツの森には信州カラマツが育っていて、高級材として利用されています。

座面と脚をカラマツ、支えをチャンチンで作ったベンチ。

column 15　馬搬　優雅な立ち振る舞い

伐採した樹木を車道まで運び出す作業は危険で難しい。特に抜き切りの際は、残った木々を傷つけない配慮も必要だ。こんなときは馬搬が最適である。馬の力を借りることで、木々の間を縫うように運び出すことができる。重機と違い地面を踏み固めてしまうこともない。木にも土にも優しい搬出方法だ。距離が短ければ効率も遜色ないと岩手大学の方が学会で話していた。

三五年近くも前に見た馬搬は、静かで優雅でさえあった。十勝のカラマツ人工林試験地で間伐木の搬出をお願いしたのである。仕事人は、人里からかなり離れた試験地に馬に乗って静かに現れた。

まず、馬に水をやり、一服キセルをつけた後、すぐに仕事に取り掛かった。掛け声と手綱さばきで馬を自在に操り、みるみるうちに間伐木は土場に集められた。静かな作業であった。複雑な設計の試験地が傷もなくできあがった。仕事を終えると、また、馬に餌と水をやり、ゆっくりと一服した。そして、挨拶をして、馬に乗って音も立てずに立ち去った。後ろ姿がとても満足そうに見えた。

驚いたことについ最近、家の近所の伐採現場でも馬搬を見かけた。岩手の花巻でもやっているらしい。イギリスなどではずいぶんと盛んなようだ。

馬搬はどこか楽しそうである。仕事は効率だけではない。特に森の仕事はそうである。

間伐木を運び出す馬

馬は飼い主の指示に忠実に従い、カラマツ人工林の間伐木を丁寧にそして静かに運び出していた。馬は仕事を終え、飼葉を食べ水を飲んだ。仕事を終えホッとした飼い主はキセルを取り出し一服ふかした。そして、ゆっくりと立ち上がり、馬にまたがり帰っていった。終始、優雅であった。

針葉樹

【アカマツ】赤松

樹

痩せ地で生きる遷移初期種

今では日本の風景を代表する二葉松であるが、縄文時代には瀬戸内周辺でのみ見られたという。農耕が進み、過度の収奪により痩せた土地にアカマツが侵入したのだと考えられている。

津波が襲った宮城県南三陸町の内陸部の小高い丘に新築の家屋が作られていた。アカマツの太い梁は、曲がりを生かして上手に組み上げられていた。気仙沼地方の大工さんの技である。壁板は南三陸産のスギを同じ南三陸の製材屋さんが低温乾燥した材で作られていた。

木の香りのするとてもよい家であった。小さい民家だが数百年は持ちそうな家である。震災後にこんな家を建てることができて嬉しい、と素直な大工さんであった。日本の田舎には地域の風土に根ざした伝統的な、そして

アカマツの雄花は味も素っ気もない。伸び出した当年生枝（シュート）の基部のほうにたくさんつくが、花粉を溜め込む容器みたいに見える。しかし、シュートの先端につく雌花は小さいが鮮やかな紅色である。一瞬だがとてもきれいな輝きを見せる。

きわめて高度な木の技術が残っている。

材 おだやかないいにおい

名前は赤ですが材はきれいな白です（外の皮が赤いのでアカマツと呼ばれるとも）。甘いヤニのにおいがほのかに香り、ヒノキほど強烈でもなくちょうどいいにおいです。加工がしやすくカンナ仕上がりもいいです。伊那地方では昔から女性が仕事をする台所の床に使えといわれてきました。針葉樹独特の温かみがあるからです。落ち葉は囲炉裏や風呂の焚《た》きつけに使いました。

乾燥には注意が必要で、気をつけないと「あお」（カビ）が芯まで入ってしまいます（中にはそれがいいので「あお」の入った部分で作ってくれという人もいますが）。秋に切って冬場に乾燥させるといいと思います。

穏やかないいにおいを生かした家具ができないかなと思います。たとえばベッドにするとよく眠れるのでは？（ただしヤニが出るので使い方には注意しなければなりません）伊那地方では障子襖などでも使われました。

私の母の話では、太平洋戦争末期に戦闘機の燃料をつくるためにアカマツのヤニを採って供出したそうです。

［使用例］テーブル、椅子、下駄箱、ドア、フローリング材など。

森林総合研究所の岩泉正和さんによると、アカマツの遺伝子交流は活発で花粉の７割、種子の２割が 100 メートル以上離れた集団から飛んできているという。他家受粉によって作った健全な種子をたくさん遠くに飛ばして、撹乱地を渡り歩いているのだろう。

岩手から九州、朝鮮半島や中国東北部に分布する。

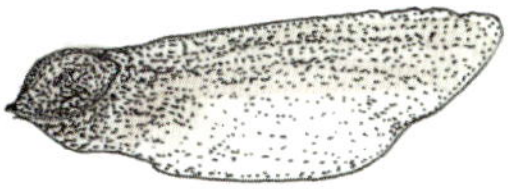

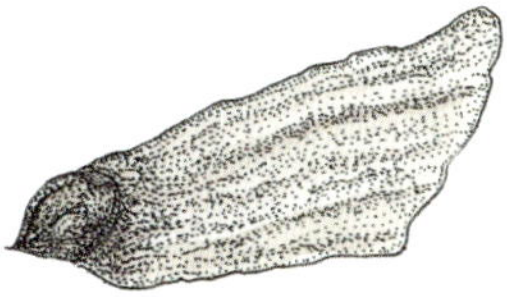

【カヤ】榧

樹 ビールのつまみ

カヤの実はビールに合う。義父が送ってきた果実の硬い殻（内果皮）を剝き、弱火で炒り塩と砂糖をまぶした。アク抜きをしなかったが結構うまい。常備のツマミにしようと家の周囲に実生を植えた。オスかメスかわからないので九本植えた。今年で一三年目、高さ三メートルほどに育った三本がそれぞれ一二個、五個、三個の果実を実らせた。存外早い結実には驚いた。

家の裏山にはモミに混じりカヤの稚樹がたくさん見られる。コナラ・クヌギ・カスミザクラ・ホオノキなどに混じり直径一メートルほどの太いモミも見られる。しかし、カヤの親木がない。周囲一〜二キロを歩き回ってもどこにもない。高く売れるのでこっそり抜き切りされたのだろう。

この森からは、ときどきツキノワグマやカモシカが出

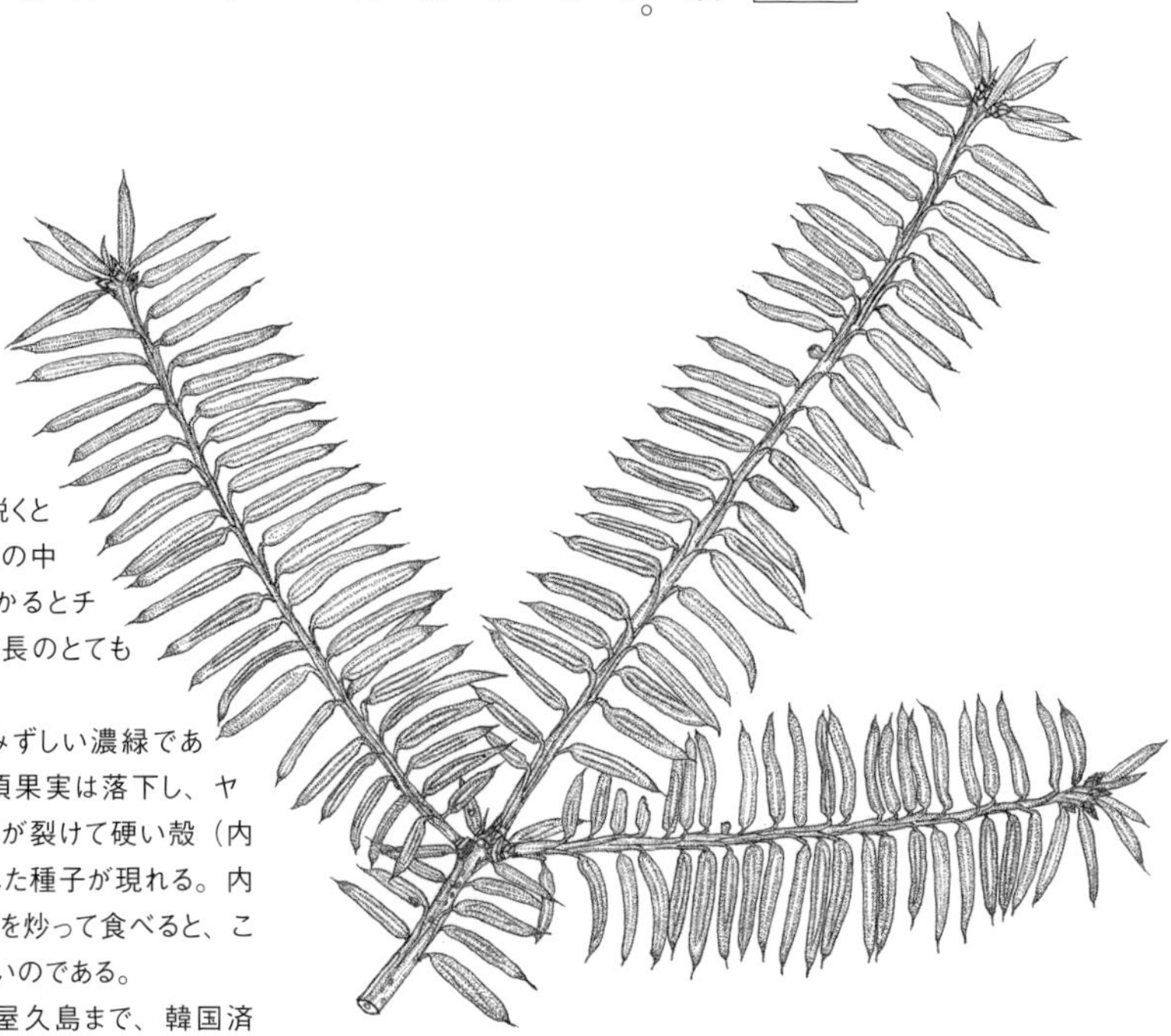

葉の先端が鋭くとがっている。山の中で稚樹にぶつかるとチクッと痛い。成長のとても遅い木である。

果実はみずみずしい濃緑である。秋の半ば頃果実は落下し、ヤニを含んだ果肉が裂けて硬い殻（内果皮）に包まれた種子が現れる。内果皮を割り種子を炒って食べると、これが、妙にうまいのである。

宮城県以南屋久島まで、韓国済州島にも分布する。

てくる。朝夕にはタヌキもイノシシも出てくる。マムシも首をもたげる。しかし、彼らは用心深い。なぜならば、森に沿った畑を耕す農家のおじいさんや中学校の先生がいるからだ。毎夕、犬を連れて山際を歩く大工さんがいるからだ。山沿いの畑はキレイに草や灌木が刈られている。藪が増えるとあっという間に獣や蛇たちが押し寄せてくる。もっと多くの人が山沿いで畑を作り犬を放ち、生活臭を撒き散らせば、ケモノたちはなかなか人里には出て来ないだろう。

しかし、自然との共生を唱える人たちは、街に住みマンションに住む。都会の中心に住み、「自然を大事に」「クマを守れ」と叫ぶ。本来、自然との共生は手間のかかることなのである。森のそばで動物たちと縄張り争いをしないとわからないことが多いのである。

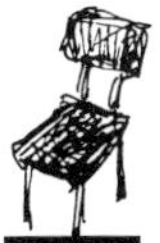

材 ドクダミのにおい

色はきれいな黄色、加工しやすくカンナ仕上がりもいいです。加工するときにドクダミのにおいがします。このにおいはたまらなくいいという人と、だめだという人と二つに分かれます。熟した実は日本のアーモンドと言えるでしょう。明治時代には、この実から採った油は、植物油としては一級品だったようです。

水に強い木ですし、色もきれいなのでこの木でキッチンを作ったら最高だと思うのですが、まだその機会はありません。ただ洗面台は作ったことがあります。予想どおりすてきな洗面台ができました。最高級の碁盤材として有名です。縄文時代には牡蠣《かき》の養殖の杭に使われていたそうです。

【使用例】 ドアの鏡板、タンスの前板、洗面台、収納ボックス、表札など。

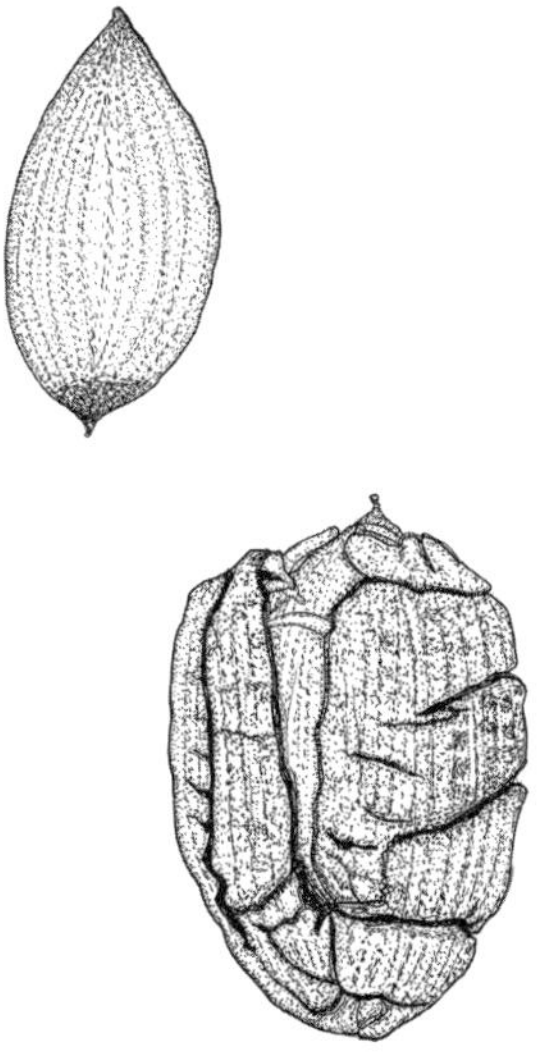

針葉樹

【イチイ】一位

樹

イチイの森はとり戻せるか

小樽にはイチイだけで建てられた家があったという。貴重だからこそ欲しがる人たちがいる。三〇年前の私もそうであった。イチイの分厚い板を帯広営林局のお祭りで手に入れた。厚さ五センチ、幅三〇センチ、長さ六〇センチのものが一枚で一〇〇〇円か二〇〇〇円だった。考えられない安さだった。

その頃は最後の略奪林業が行われていた時期であった。旭川の銘木市には、元口直径が三〇センチから五〇センチほどのイチイの丸太が十数本積み上げられていた。元口直径とは根元のほうの直径である。丸太はすべて通直で一〇メートルもある天然記念物級の良材だ。青い半纏《はんてん》を羽織った関西弁の業者がすべて買い取っていった。立派なイチイが見られる森はその頃、ほぼ消滅しただろう。

きわめて濃い色をした葉である。黒っぽい濃緑とでもいえるような分厚い先端のとがった葉をしている。触ると少し痛い。

秋口になると黒っぽい葉を背景に瑞々しい果肉を包んだ赤い果実が浮かび上がってくる。とても鮮やかなコントラストである。ヤマガラやヒヨドリが種子を散布する。

果肉は甘くて小さい頃よく食べたが、種子には有毒のアルカロイドが含まれると知ったのは大人になってからだった。

北海道から九州まで、千島、樺太、中国東北部、ロシア沿海地方、朝鮮半島にも分布する。

北大の学生だった榊原茂樹さんは、ヤマガラがイチイの種子を散布し、実生の更新を手助けしていることを観察している。ヤマガラは種子を後で食べようとしていろいろな場所にいったん隠す。しかし、忘れっぽいのですべては食べずに、残った種子が発芽できるのである。榊原さんがヤマガラの行動を観察すると、樹木の根際や急斜面に頻繁に種子を隠していることがわかった。これらの場所はイチイの定着に適した場所である。ヤマガラは種子をわざわざイチイの好むところに運んでくれていたのである。ヤマガラは冬に餌台を置くとしだいに慣れて、手の平に乗って餌をついばむようになる。人によく懐く愛嬌のある小鳥である。

　実生・稚樹の成長はきわめて遅い。若木になっても成木になっても、なかなか太らない。だから緻密な木目になるのだ。しかし、イチイの材に色めき立った人たちは、成長の遅さなど想像だにしなかっただろう。ヤマガラの姿など思い浮かべさえしなかっただろう。建てた家や家具は立派でも持ち主の精神は「貧困」だったのだ。遅きに失したが、次世代の更新を促しながらイチイの森を時間をかけてでも、取り戻さなければならない。それからだろう。中位の木をほんの少しだけ抜き切りしていくといった林業が可能になるのは。

材

気持ちよいカンナ仕上げ

赤褐色の木です。スパッと切れてカンナ仕上げは気持ちいいです。伊那地方では「ミネゾ」と呼んでいて、風よけのためだと思いますが家の周りに植えます。アララギともオンコとも呼ばれています。枝の多い木ですので節も多いですが、節もきれいに仕上がります。有名なところでは聖徳太子の像に描かれている笏《しゃく》がイチイで作られたといわれています。床柱にもよく使われます。

　熟した赤い味はとてもおいしいです。秋になるとこの実を食べるのが楽しみでした。

【使用例】 引き出しの前板、ドアの鏡板、箱物、小物ではトレーなど。

column 16

成熟を促す抜き切り
インターネット土場で極相を目指す

今や、地球上で寿命を全うできる樹はほとんどない。寿命半ば、どころか寿命十分の一である。天然林では本来五〇〇～一〇〇〇年生きることもあるスギでも、人工林では間伐などを繰り返すので二〇年から五〇年で大半が伐られ、長くても一〇〇年で伐採される。五〇〇年以上は生きる可能性のあるミズナラ、トチノキ、カツラなども、本来の寿命を全うすることは許されなかった。ごくわずかに残された保護林でもないかぎり、ある程度の太さになれば人の手で命を終える。薄いベニヤ板にされ、燃やされ、あっという間に大気中に放出される。

林業とは本来、長い寿命をもつ樹木を扱う産業ではなかったのか。人の命はどんどん伸びているのに樹々の命は人間がどんどん短くしている。この実態を知るならば、今後一〇〇年ほどは太い木は伐らないでおこうと思うのは、樹の寿命を理解した人間ならば、そしてかなり欲深い人間でない限り自然のことである。

これからは当面、巨木の森を再現することを目指そう。その過程で抜き切りした木を使っていこう。細い木も曲がった木も、どんな樹種も利用する。それも無垢材として利用する。木々には上下、貴賤はない。長い適応進化の果て、住み場所が異なり、姿形が違い、寿命が違うだけである。それが、材質の違いを生み、固有の色合いや手触りを生んでいるのである。これからは、樹々の多様な個性をそのまま受け入れ、利用し尽くすといった時代が来るだろう。樹々への崇敬の念とともに個々の樹の個性を楽しみながら、家具・建具を作り森を造っていけば良い。

しかし具体的な森林管理手法（施業方法）の開発はこれからだ。なぜなら、これまでは広葉樹は略奪するもので育てるものではなかったからである。今でこそ個々の樹木の生理・生態・遺伝に関する知見は増えつつあるが、多様な樹種で構成される自然林で個々の樹種をどのように生産していったらよいのか、まだほとんどわかっていない。自然林の成立メカニズムに関する研究は増えつつあるが、森林の生態系を壊さないで木材を生産し続けるといったマネジメントの研究は遅れている。

どのような木を伐り、どのような木を残せば次世代も持続的に育っていくのか、クマもモモンガもクマゲラも一緒に住めるのか、治山・治水も十分機能するのか。すべてを満たす答えを求めなければならないが、実践例も少なく体系化には時間がいる。しかし、目指すべき森林の形はあるはずだ。

それは〝すべての森は極相を目指す〟ということである。里山のコナラやクヌギなどの二次林も萌芽の繰り返しで単純になっている。コナラ・クヌギを主に抜き切りする過程で、その地域の天然林の極相に近づけていけば良い。択伐を繰り返し大径木がなくなった奥地林も巨木林に向けて遷移を促す切り方を探るべきだろう。スギ林やトドマツ林などの針葉樹人工林も間伐しながら広葉樹を混交させていく。そして、混交する広葉樹を太く成熟させて、その地域の極相林、すなわち針広混交林にもっていくのである。

小・中径木の抜き切りであっても、多様な樹種の利用開発を進めれば高く売れるようになる。用途が定まらないからパルプチップや燃料材に安く買い叩かれるのである。雑多な樹種でも、それぞれに高度利用すれば良い。特に無垢材での高度利用が大事だ。

多様な広葉樹の利用が進まないもう一つの大きな理由は、「量が揃わない」ということだ。製材や家具・建具屋さんはある程度のまとまった量の原木を必要とする。最初から有賀さんのようにさまざまな樹種を組み合わせることは難しいだろう。したがって、同じ樹種が一本や二本、それも細い木ではどうしようもない。だから買わない。それ以前に、諦めている感がある。そこで提案したいのが「インターネット土場」である。ネット上に土場を作るのである。パルプチップ工場や燃料材の土場には伐採されたさまざまな樹種の丸太が無造作に山積みにされているが、よほど太い木や、銘木でもない限り、あえて樹種の選別などはしてこなかった。十把一絡げであった。そこで提案したい。それぞれの土場で、丸太の樹種と径級（太さ）を調べ集計し、ネット上に公開するのである。一つの土場では大した量は出なくとも、一つの県や東北地方といった単位では数量が出てくる。土場は広い地域に分散しているが、それぞれに分散して置かれている丸太をネット上で一つに集約するのである。それを、利用したい人が買えば良いのである。

広葉樹の丸太や製材された板を買いたい人は多い。プロの家具・建具屋でも偶然訪れるチャンスを待つしかないのが現状である。ましてや若い木工家やデザイナー、それに木工愛好家などはどうして木材を手に入れるのか皆目見当もつかないと言う。木工芸の裾野を広げる上でも、そして広葉樹材を無駄にしないために「インターネット土場」のシステム構築を急ぎたいものである。

小中径木の抜き切りを続け一〇〇年も過ぎれば大径木も増えるだろう。そしたら、今度は全層の択伐をする。太い木も中位の木も、細い木も同じ割合で伐採する。伐りながらも遷移を促していく。群状伐採でギャップ依存種の更新を促すことも必要だろう。その際の伐採面積（ギャップサイズ）や伐採間隔を決めるのもきわめて高度な科学的課題だ。しかし、やりがいのある森林科学の方向だと思う。

ただ、言えるのは方向性を間違えてはいけないこと、そして科学的な知見が未熟なままに山を壊してはいけないことである。

【リンゴ】林檎

樹 天然林のようなリンゴ園

無農薬・無化学肥料で「奇跡のリンゴ」を作った津軽の木村秋則さんを訪ねた。生態学会東北地区会の大勢を顔をくしゃくしゃにして歓待してくれた。さっそく、みんなにリンゴを分けてくれた。うまい。とても甘くて、瑞々しい。

リンゴの葉を見て驚いた。葉は病気にかかっている。しかし、よく見るとさらに驚いた。病斑部分だけ丸く切り取り線ができて切り落とされている。病気に対するリンゴの抵抗性反応である。これは、我々がいつも森の中で見ているのと同じものだ。

たとえば、ミズキの輪紋葉枯病である。親木は輪紋葉枯病に罹患しても死にはしない。しかし、親木の真下で発芽したミズキの芽生えが感染すると病斑は葉から軸に広がり、芽生えは高い確率で死亡する。しかしミズナラ

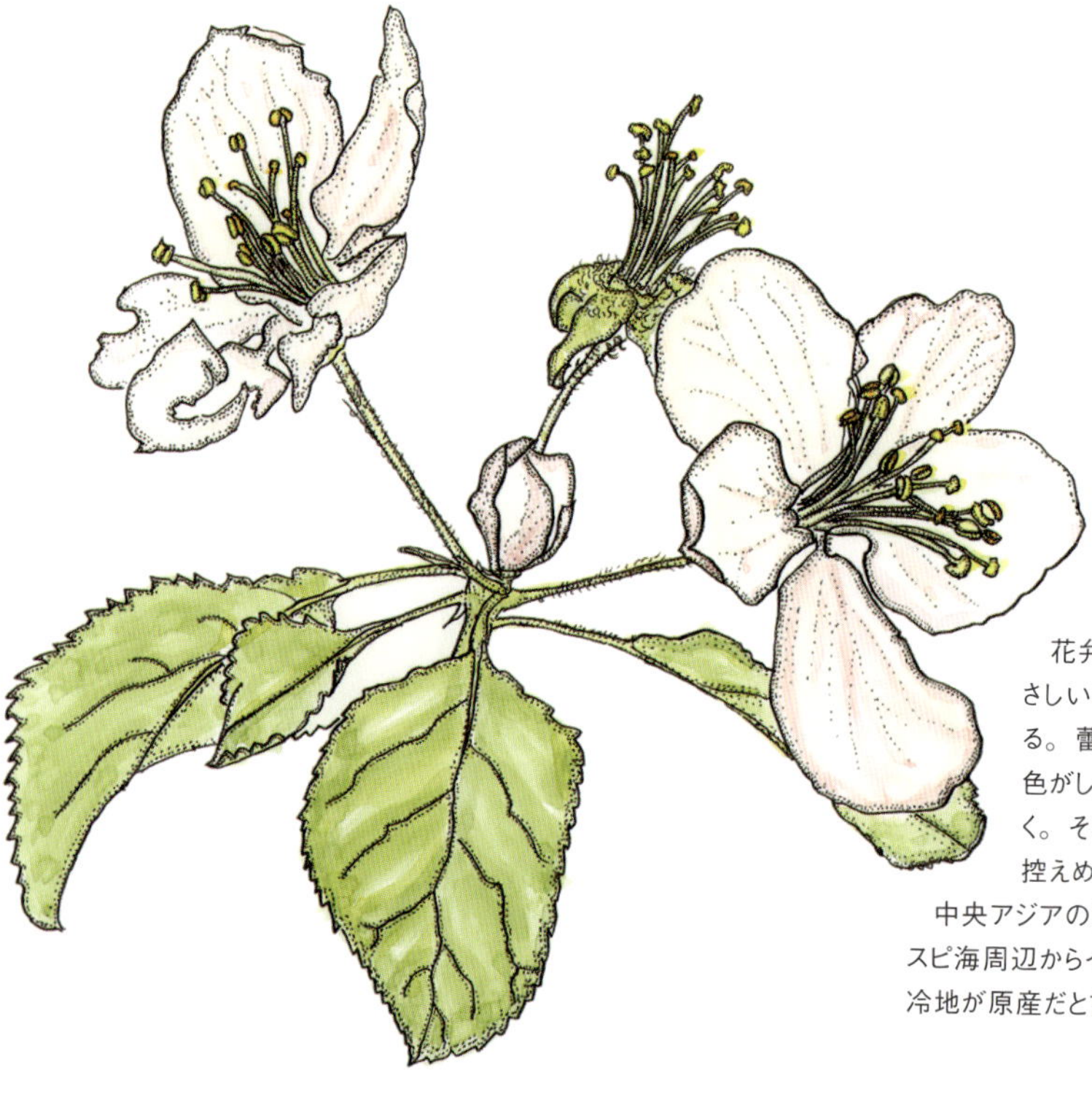

花弁の薄紅色と白はやさしいコントラストを見せる。蕾が開くにつれ薄紅色がしだいに薄くなっていく。その移り変わりもまた控えめである。

中央アジアの天山山脈周辺、カスピ海周辺からイランにかけての寒冷地が原産だと言われている。

やウワミズザクラ、アオダモなど他の木の芽生えはたとえ感染しても病斑部分を切り落とし、感染部位が広がらないようにする。そして生き残るのである。成熟した森の中と同じことがリンゴ園でも見られることに驚いた。

長らく殺菌剤、殺虫剤などを散布しないことによって、リンゴ園にも自然林に近い菌類生態系ができつつあるのだろう。そして、リンゴ本来の病気に対する抵抗性を取り戻したのかもしれない。

材

芯が腐っても薄紅の光沢

色はヤマザクラを少しうすくした感じです。光沢があり、カンナでよく仕上がります。入手先が一〇〇%果樹園なので長い木はありません。クワと同じで、低い位置から枝を伸ばして作業がしやすいように仕立てるためです。それに果樹を切るときは、病気とか木が弱ったとかで更新するときなので、長くても九〇センチくらいのもので、芯の部分が腐っているものが多いです。

北陸新幹線の長野駅のホームのベンチに、長野県産のいろんな木と合わせてリンゴを使いましたが好評です。

［使用例］ ベンチ、ドアの鏡板など。

【ナシ】梨

樹 緻密な白さ

東北は果樹の多いところだ。青森に行けば岩木山の裾に見渡す限り林檎園が広がり、国見峠を下り福島に入ると桃や梨の花で桃源郷のようである。山形盆地ではビニールハウスの中で桜桃（サクランボ）が色づいている。東北全体で林檎の収穫量は六二万トン、桜桃・桃・梨でもそれぞれ一・六万〜四万トンもある（平成二六年、東北農政局）。これら膨大な果樹はいずれ老い、切られ、そして燃やされる。

ある日、知り合いが小さなお皿を送ってくれた。さまざまな果樹の木片を組み合わせたお皿である。あまりにきれいなので、山形県上山市に「くだものうつわ」を訪ねた。

小さな店にバラ科特有の赤っぽい木片で作られた大小の木の器が並んでいた。短冊状に製材した木片を接着し、

木の葉や円い形をしたお盆などにしていた。とりわけ、目を引いたのは梨の色合いである。特にラ・フランスの材の緻密な白さは、こんな白があったのかと思うほどである。

用がなくなったはずの果樹たちも、見事な色合いでさらに輝きを増している。さまざまな木々の材色の美しさに気づき始めた職人さんが今、日本中で増えている。

材

落ち着きのある薄茶色

この木はよく使います。ヤマナシとほとんど同じですが、林檎と同じく入手先がすべて果樹園ですので長い材はとれません。茶色をうすくしたような非常に落ち着きのある色です。カンナの仕上がりも最高で、木目もおとなしく狂いません。

タンスの前板、ドアの鏡板に使います。「これ、二十世紀梨の木です」とお客さんに話しますと皆さん「オオ、そうですか」とおどろかれます。

【使用例】 タンスの前板、ドアの鏡板など。

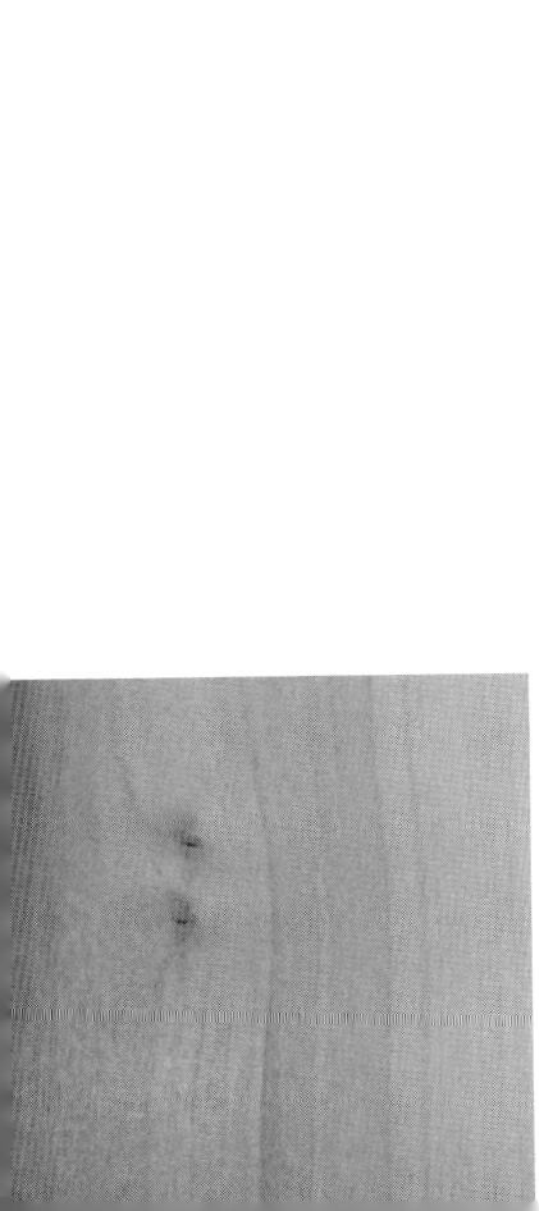

月山や朝日山系を源流とし日本海に注ぐ赤川の扇状地には果樹園が多い。

庄内柿のオレンジ色が鮮やかになる頃、つがるやふじなどの赤い林檎も収穫の時期を迎え、福々しい豊穣の気分に満ちていた。もともと目立たない二十世紀や長十郎などの梨はその前に収穫され、葉だけが茂っていた。

中国原産由来と日本原産のヤマナシなどを改良し、栽培されてきたと言われる。

【カキ】柿

樹

お湯で渋を抜く

「湯ざわし」（渋抜き）した柿を小学生の頃に食べていた。柿の名前を母に聞いたら「伝九郎柿」か「たて柿」だという。山形県庄内地方固有のものだ。「伝九郎柿は柔らかくて甘いものだが、お前たちが小さい頃に田んぼを広げるために切ったので覚えていないだろう。たて柿のほうだろう」

記憶を辿ると、裏庭に縦長のとがった柿がたくさんなっていた。お湯を入れた木の桶に一晩漬けてフタをして翌朝引き上げる。ぬるいお湯から引き上げると柿の香りが食欲を刺激した。分厚くて硬い皮だがズルリと簡単に剝けた。齧りつくと縦に裂け、果肉の歯触りがなんともいえなかった。しかし、老木になり倒れる前に切ったという。

柿の老木は切った後も楽しみだ。「黒柿」である。材

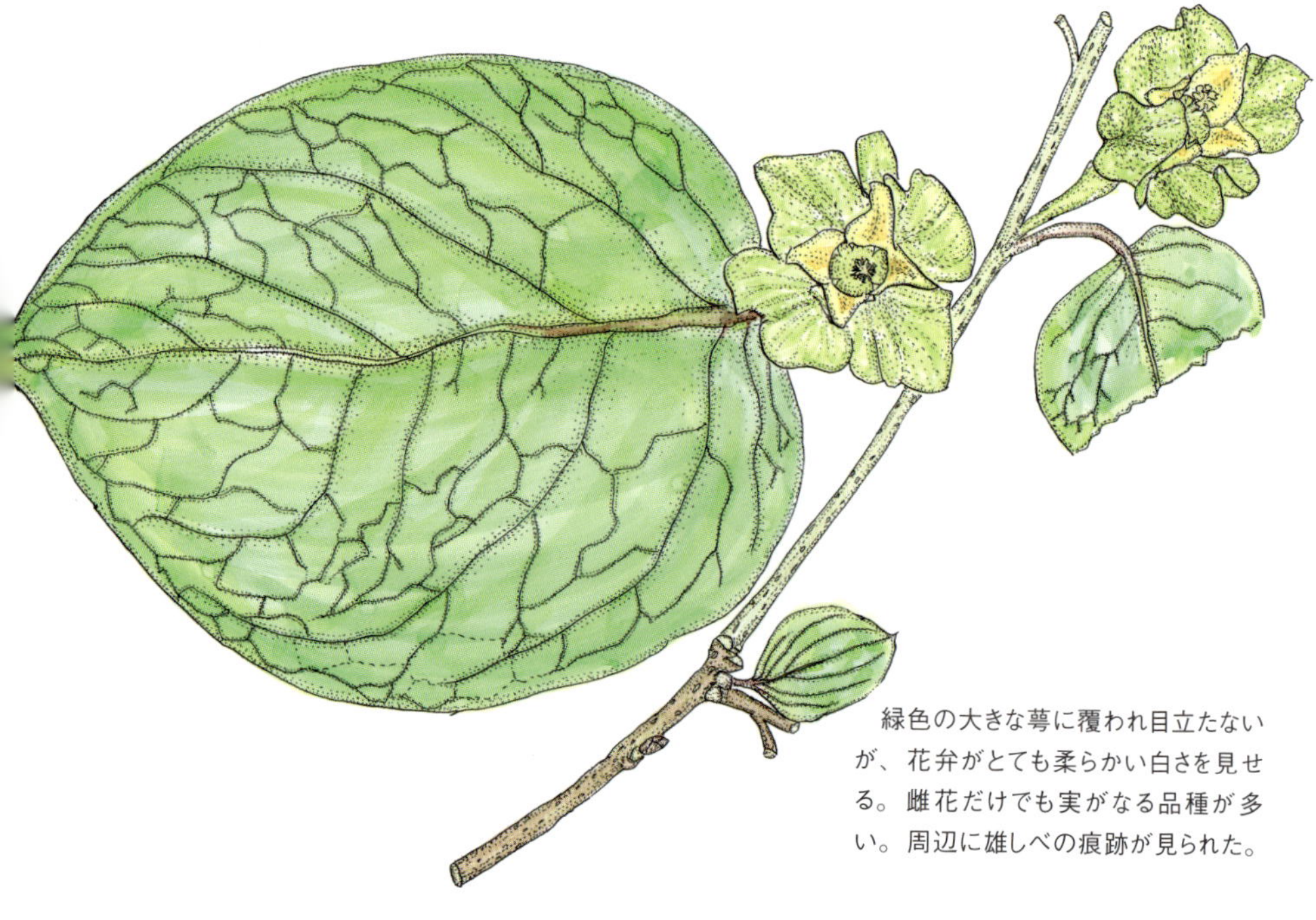

緑色の大きな萼に覆われ目立たないが、花弁がとても柔らかい白さを見せる。雌花だけでも実がなる品種が多い。周辺に雄しべの痕跡が見られた。

中のタンニンが酸化し黒色化したものだと考えられている。漆黒から淡黒いものまでさまざまある。まだらなものから材一面に見られるものもある。磨くと艶が出て和机や引き出しなどに珍重される。

材
最高の手触り

全体に白い木ですが、芯のほうに黒い縞模様の入ったものは黒柿と呼ばれて珍重されます。重厚でカンナで仕上げるとツルツルになり、触った感じは最高です。

たくさんの柿を製材して乾燥させていますが、製材したときは真っ白なのに、乾燥が終わると全体的にうす黒くきたなくなってしまうことが多いです。切る時期が問題なのか、乾燥方法に問題があるのか未だにわかりません。

私の家の近所では庭に必ず一本は植えていました。柿の花からは蜂蜜が採れます。若葉は天ぷらにして食べます。秋の陽に輝く柿の実は、おいしそうでもあり、秋が来

［使用例］ 整理ダンス、小引き出しの前板など。

たなと感じさせます。渋柿の実から柿渋をつくります。柿渋を作るために植えられたマメガキは、実は直径一～二センチくらいのものがたくさんなります。たいがい芯が黒くなって美しい黒柿になっています。紋様はそれぞれ違い、同じものはありません。それをどう使うかはその人によります。

黒柿は貴重品で少ないですが、古い製材工場を解体するると、ときどき屋根裏から出てきて手に入ることがあります。工場主が大事にしまっておいたものだと思います。小引き出しにワンポイントで使うと目を引きます。みなさん「この木は何ですか」と、質問されます。

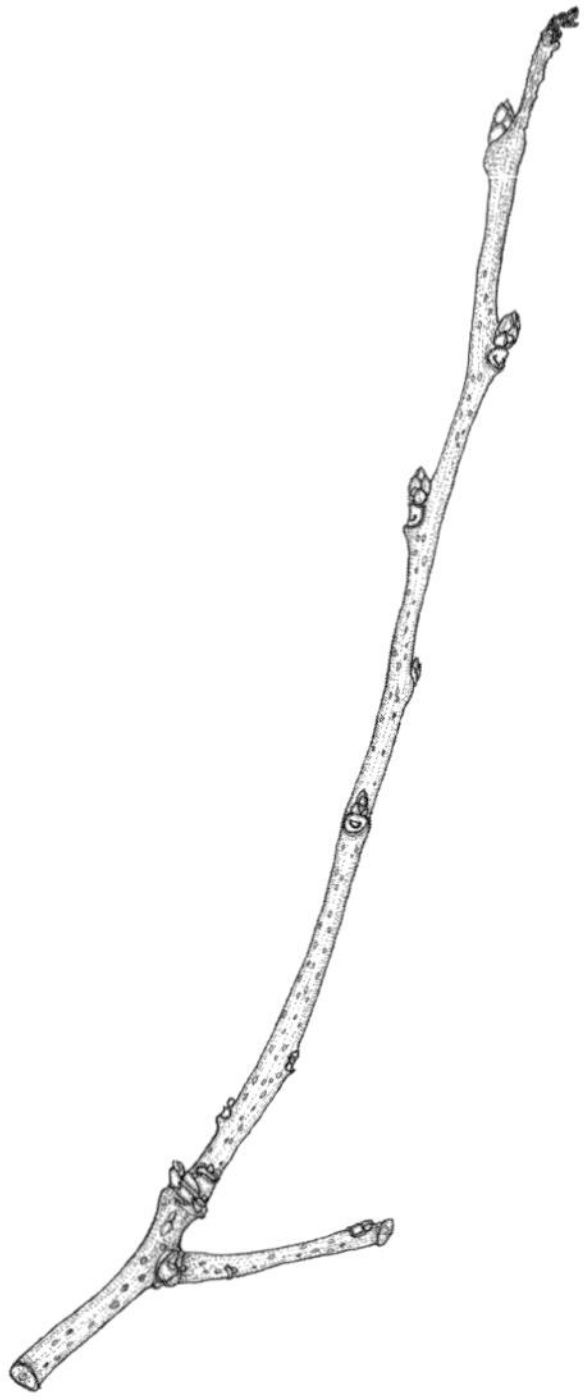

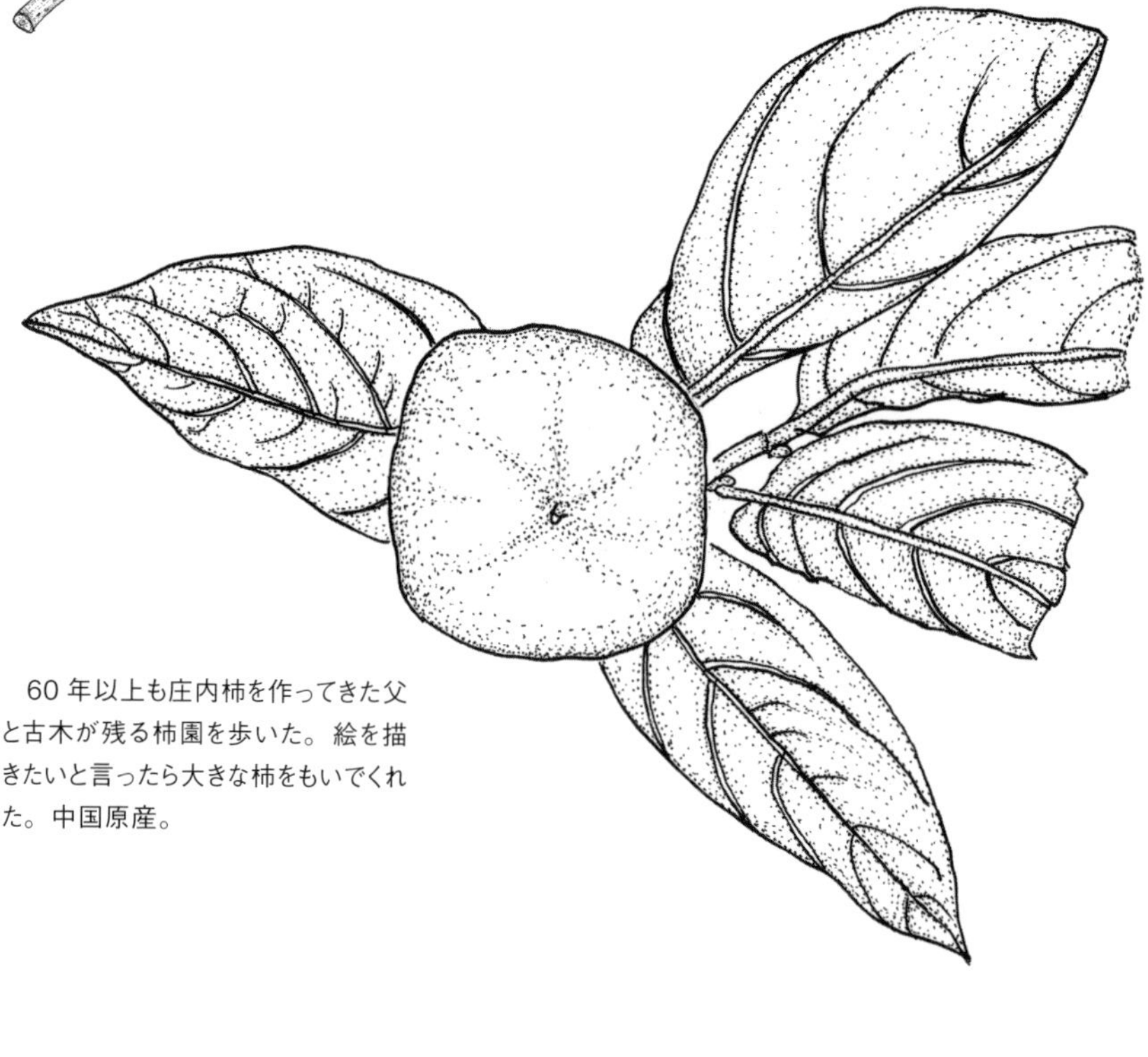

60 年以上も庄内柿を作ってきた父と古木が残る柿園を歩いた。絵を描きたいと言ったら大きな柿をもいでくれた。中国原産。

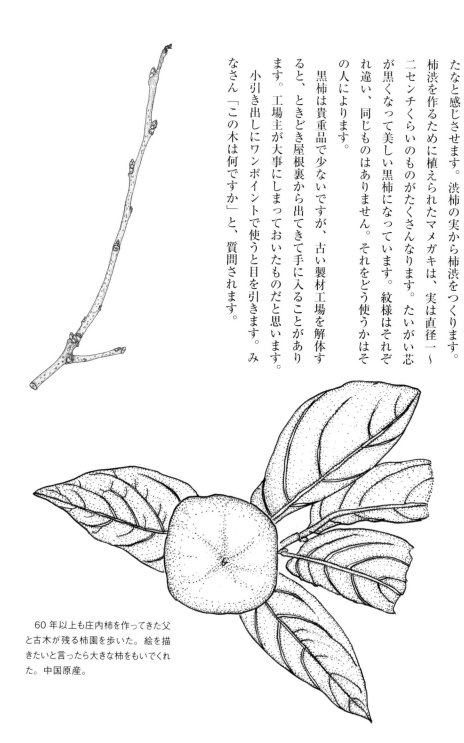

column 17　草木塔　樹の命を山の神にいただく

立ち木に刃を当てるとき少しだけためらう。鋸でもチェンソーでもそうだ。切り進んでいくにつれとても申し訳ない気分になる。こんなことは感傷的だと思って黙っていた。しかし、最近、「草木塔」というものがあることを知って、「みんなそうなんだ」と少し安心した。

草木塔とは草木の命を供養した碑である。日本全国にあるらしいが、山形県に最も多く、それも県南の置賜地方に多いという。さっそく、米沢市の田沢地区を訪ねた。

道路沿いの二つはすぐに見つかったが、一七八〇年建立の最も古い草木塔はなかなか見つからない。たまたま通りかかった人に聞いて辿り着いたのは小道の奥の墓地の脇であった。墓地より一段高いところに、思いのほか小さな高さ一メートルほどの石碑がチョコンと座っていた。刻まれた文字は風化していて、暗い雨雲がかかり何重もの低い木陰の下で、その上小屋掛けされているので、よく見えなかった。後で調べると「草木供養塔」と書かれているらしい。「山川草木悉皆成仏」という碑文の草木塔もあるという。いずれにしても、樹や草の命に敬意を払い、命をもらったことに感謝しているのである。

林業を生業としていくには樹を伐らなければならない。命をもらって生きていくということを絶えず心に刻んでいける産業であれば、きっと発展するだろう。

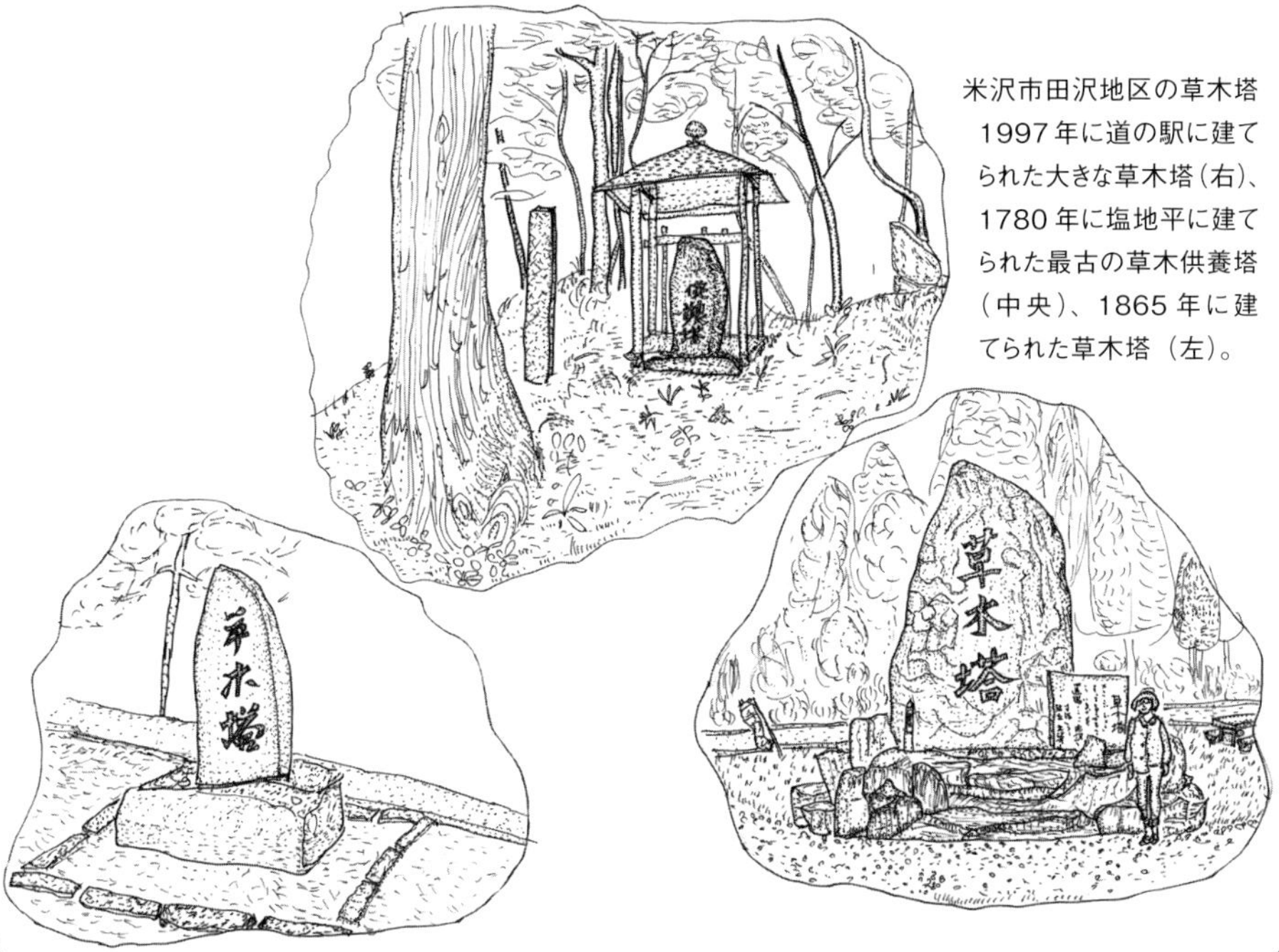

米沢市田沢地区の草木塔　1997年に道の駅に建てられた大きな草木塔（右）、1780年に塩地平に建てられた最古の草木供養塔（中央）、1865年に建てられた草木塔（左）。

【ミカン】蜜柑

樹

もっとミカン材を利用しよう

二〇年ほど前、瀬戸内の小さな島に行ったとき、島一面にミカンの木が隙間なく植えてあったのを見たことがある。島中央の小高い山裾の急斜面には作業用モノレールの鉄路が急勾配を登っていた。

『古事記』『日本書紀』の時代から柑橘は食用、薬用として愛されてきた。農林水産省統計によると、一九七三年には栽培面積は一七万三〇〇〇ヘクタールもあったという。しかし、二〇一六年には栽培面積は四万三八〇〇ヘクタールまで減少した。それでも日本で一番作付面積の広い果物である。材としても黄色がかってとても素敵なのだから、もっとミカン材を使う建具・家具屋さんが増

仙台あたりでも苗木が売られている。ギリギリ育つのかもしれない。温州みかんは中国から伝わった柑橘の中から突然変異したものとされている。

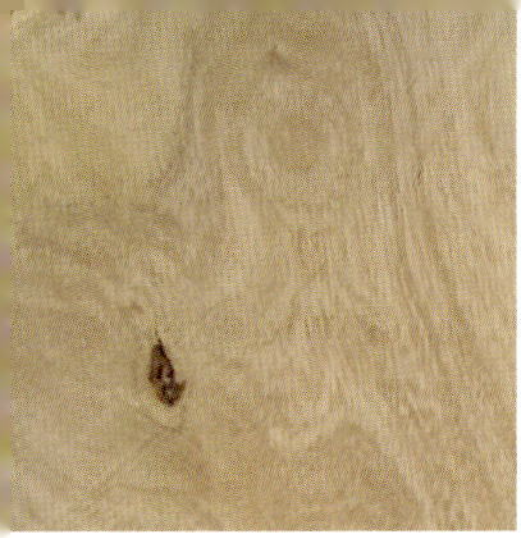

えても良いと思うのだが。

材

映える黄緑色

ナツミカンは三重県の、地元の木を融通し合っている製材業者から送ってもらいました。ミカンは静岡県からです。私のところで年に何回か木についての勉強会を開いているのですが、それに参加された方の実家から、枝を切ったからいらないか、と連絡があったので送ってもらいました。まだ若い木のせいか黄緑色の肌をしています。材は重いほうで、カンナでよく仕上がります。

他の地域の木を使ったり製材するときは非常に期待します。どんな色？どんな木目？やわらかい？硬い？などなど興味津々です。実際に加工してみて、ああこの色、この硬さだったら小箱に仕上げたらいいかな、と使い道まで考えると楽しくなります。

タンスの前板に使うと、黄緑色が映えました。

【使用例】 タンスの前板など。

柑橘類と暮らす生活に憧れていた。仙台あたりでは、ミカンは無理なので柚子を植えた。雪深い庄内地方でも果実が実っていたので大丈夫だろうと思って植えて13年過ぎたが、まだ人間の背丈ぐらいだ。夏場は毎年アゲハチョウの幼虫に葉の大半を食い尽くされる。残った葉も冬の寒風で枯れたりして、なかなか大きくなれない。

それでも柚子の北側に植えたイヌツゲと2本のツバキが大きくなるにつれ北風が当たらないようになり、少しずつ大きくなっている。アゲハの幼虫を頻繁に間引くようにしたせいもあるだろう。冷温帯に暮らしながら、常緑の樹に柑橘が実る風景が、なにか待ち遠しい。

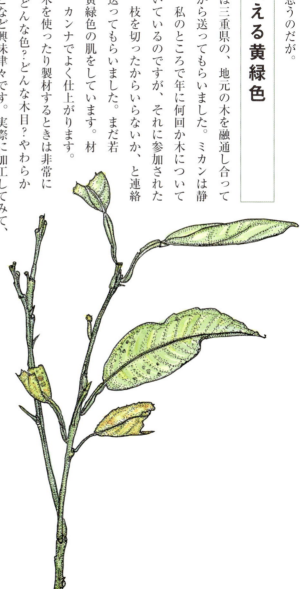

果樹

【ウメ】梅

樹

いつもそばに

裏庭の梅の花は薄紅色の八重だ。花が落ちると実はどんどん大きくなる。うかうかすると黄色になり、赤味が差すと割れてしまう。落ちると果肉を食べにオオスズメバチが来るので、その前に採って梅酒や梅シロップ、梅酢にしている。数年は甘ったるいが長く置くと熟成し、二〇年過ぎると滋味深い。

梅干しは毎年母たちが送ってくれた。私の母の梅干しは大きく、一粒で五人の弁当の真ん中を赤くした。妻の母の梅干しは小粒で一人一個ずつだ。二人とも八五歳を過ぎて、作る梅干しはごく少量になってしまった。

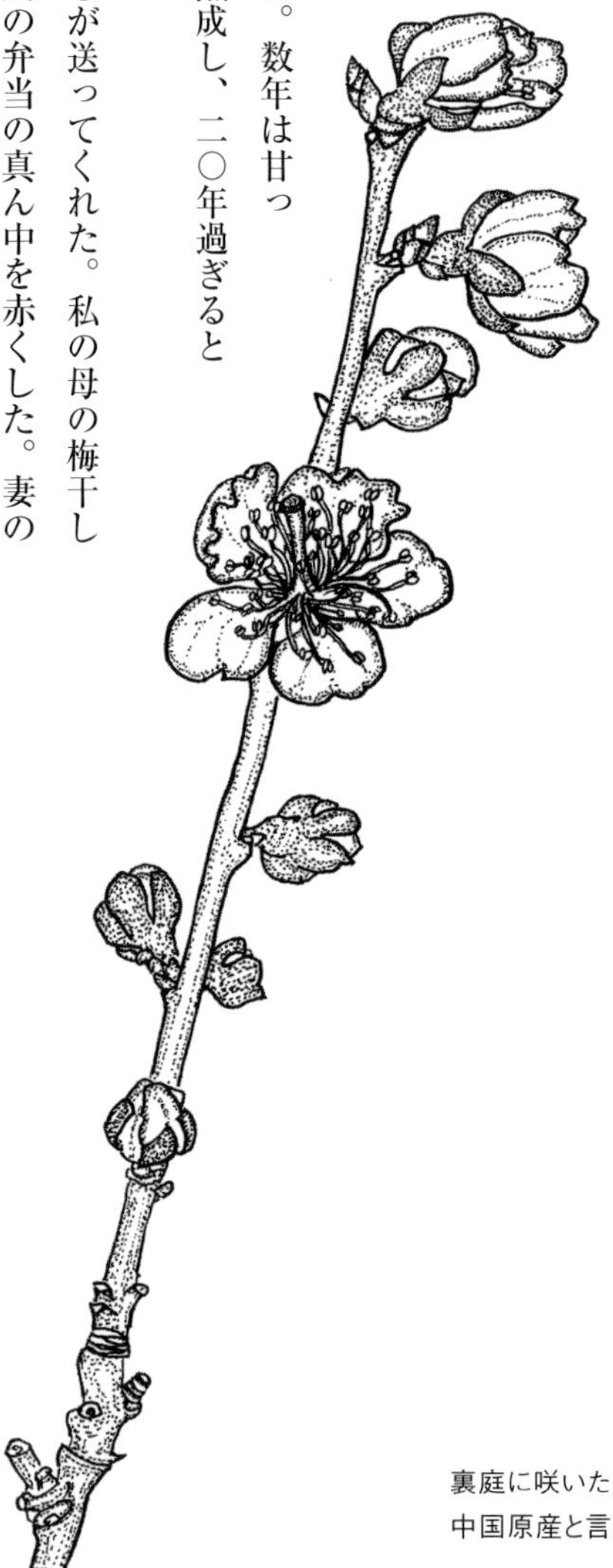

裏庭に咲いた八重の梅。
中国原産と言われている。

梅干しのせいだろう。祖父の祖父が植えたという実家の一六〇年生の古木には親近感を覚える。歳をとり過ぎて、分厚い樹皮は黒くゴッゴッしているが、とても風雅である。帰ると小川のそばで子どもの頃と同じように迎えてくれる。ただ、小川はコンクリートになってしまい、梅はところどころ朽ちてきて果実は少なくなってきた。ぎりぎりまで見守った後はお盆にして手元に置きたいと思っているが、梅のほうが長生きかもしれない。

材

なんともすてきな梅のドア

色はヤマザクラを少し濃くした感じで、使った感じもほとんどヤマザクラと同じです。ただ、まっすぐで大きな木はないので長い材がとれません。カンナ仕上がりは最上です。香りはあまり感じません。

二〇一六年の五月にウメを使って玄関ドアを作りました。長い材がないので横柄に使いました。三ヶ月後にまた見る機会がありましたが、色も濃くなりなんとも素敵な感じになっていました。

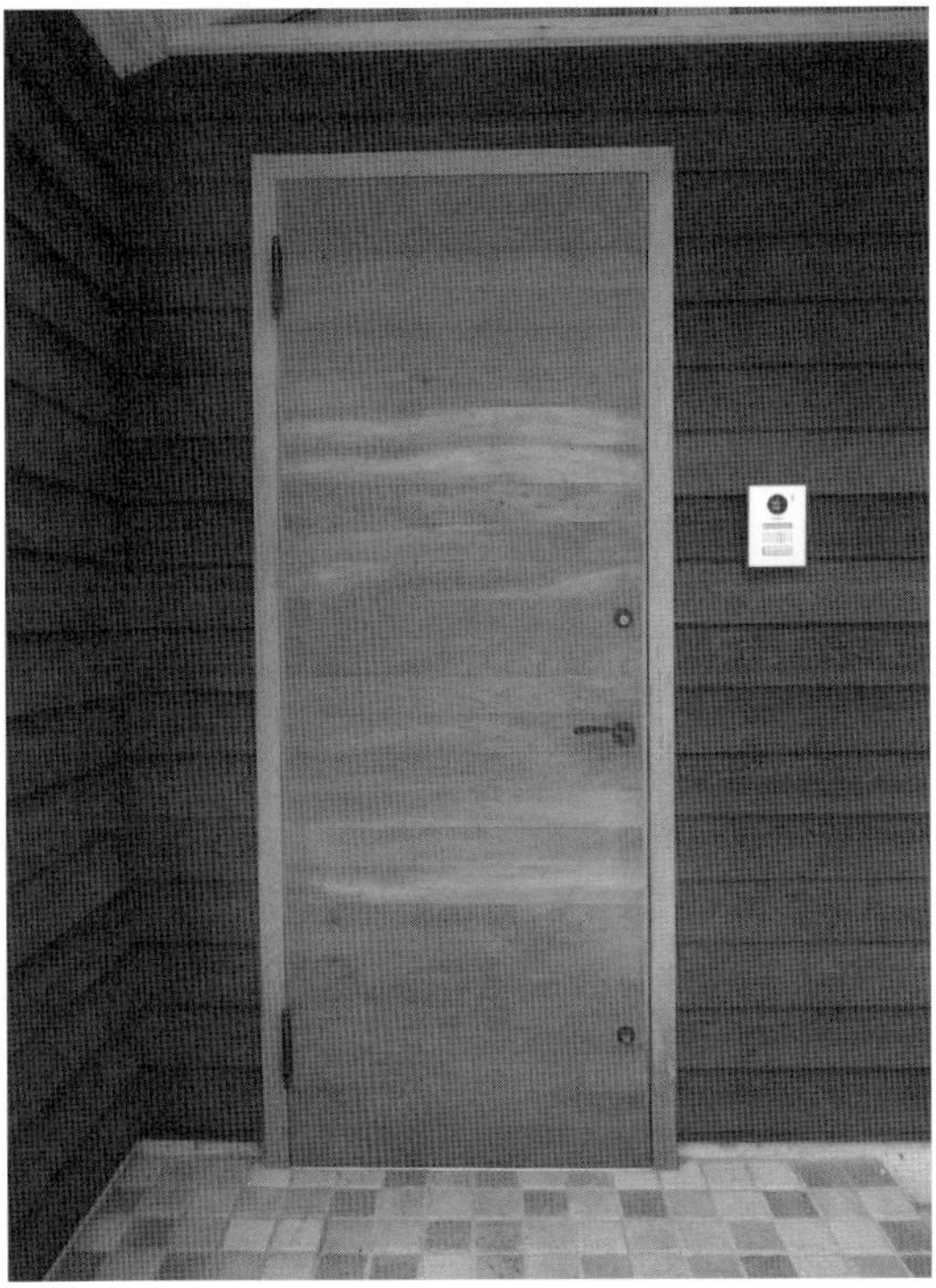

[使用例] 玄関ドアなど。

column 18　「くだものうつわ」　果樹は二度おいしい

果樹園に立ち並ぶ林檎、柿、梨、桃、桜桃。ずっしりと熟した果実をもぎ取り、箱詰めにしてトラックが町に運ぶ。スーパーに並び、食卓に上る。毎年毎年、人を喜ばせ、そして果樹は老いていく。幹が朽ち果実が減ってくる。

果樹の役割はここまで、と普通は思う。しかし、日本有数の果物の産地である山形県の鈴木正芳さんは、役割を終えた老木を木工芸品として再びよみがえらせている。ラ・フランスはキメの細かい白みが特徴だ。杏《あんず》は明るい紅がかった薄紫色をしていた。石榴《ざくろ》は赤みがかった茶色だ。石榴の湯飲みを買った。分厚く作られているせいだろう。重みが感じられ手に良く馴染む。客人に茶を出すといつも好評だ。燃やされていた果樹たちの声を聞く木工職人がいて、我々は果樹を二度楽しめるのである。

有賀さんは一〇〇種以上の板の標本を作っている。薄い短冊状の標本の中から、梨・桜桃・林檎などバラ科の果樹だけを取り出して並べてみた。総じて赤みがかっているが、色合いや風合いの違いは一目瞭然だ。しかし、その違いをなんと言い表したらよいのだろう。言葉が容易に見つからない。

『草木染めの辞典』という本を引っ張り出した。そこには万葉人が植物の色合いを表す言葉がたくさん載っていた。それに従えば、ラ・フランスは薄い菜花色、杏は紅藤、石榴は白つるばみ、とでも言えるだろうか。さまざまな自然の色合いが身近にあったからなのだろう。古人は色合いの微妙な違いや変化を感じとることに喜びを感じ、言葉を磨いたのだろう。

今や、コンクリートを背景に派手な色合いを満載した生花や人工的な照明を駆使した原色のアートが全盛である。人工のものに触発され、さらに人工のものを作る。独創性も独りよがりの域に入ってきたような気がする。すでに、〝自然〟にはすべてのアートや色合いのもとが用意されている。身近な自然に分け入り、目を開き耳を傾ければ、新しい発見はいくらでもあることを果樹の色合いは教えてくれる。

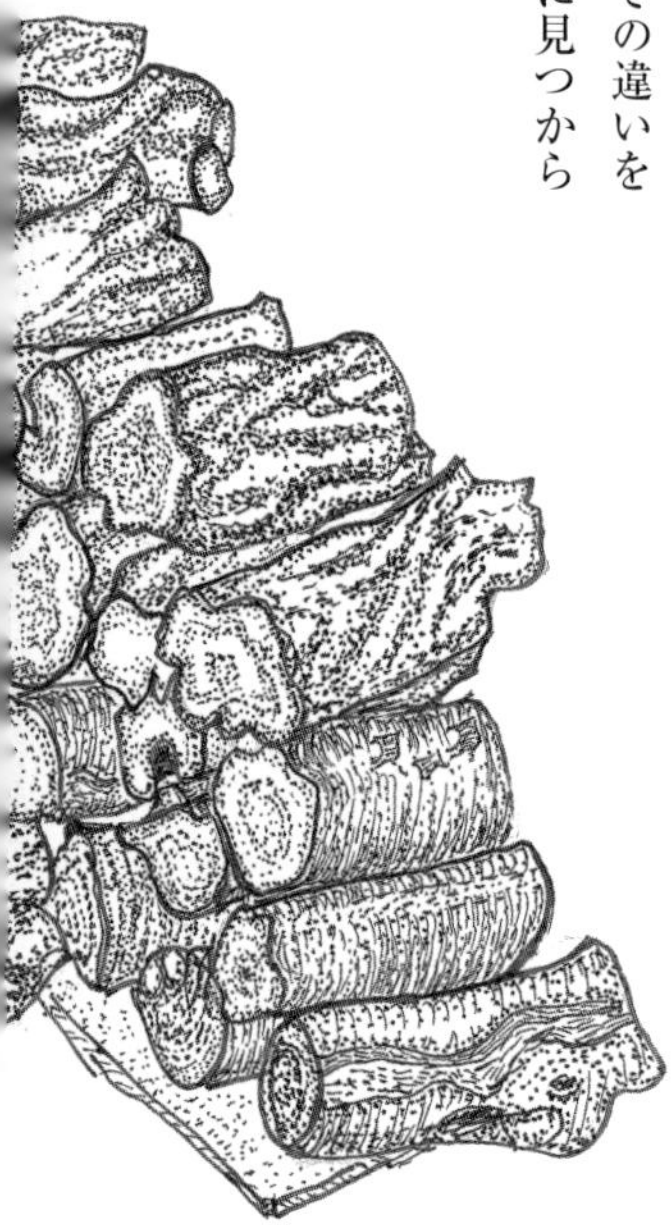

工房「くだものうつわ」
山積みにされた果樹の丸太を製材する。細い木が多いので材料を無駄にしないように寄木細工やスプーンなどの小物が多い。石榴の湯飲みは、手触り、重さ、色合い三拍子揃っていた。珍しいので買い求めた。客人に茶を勧めるときわめて好評である。

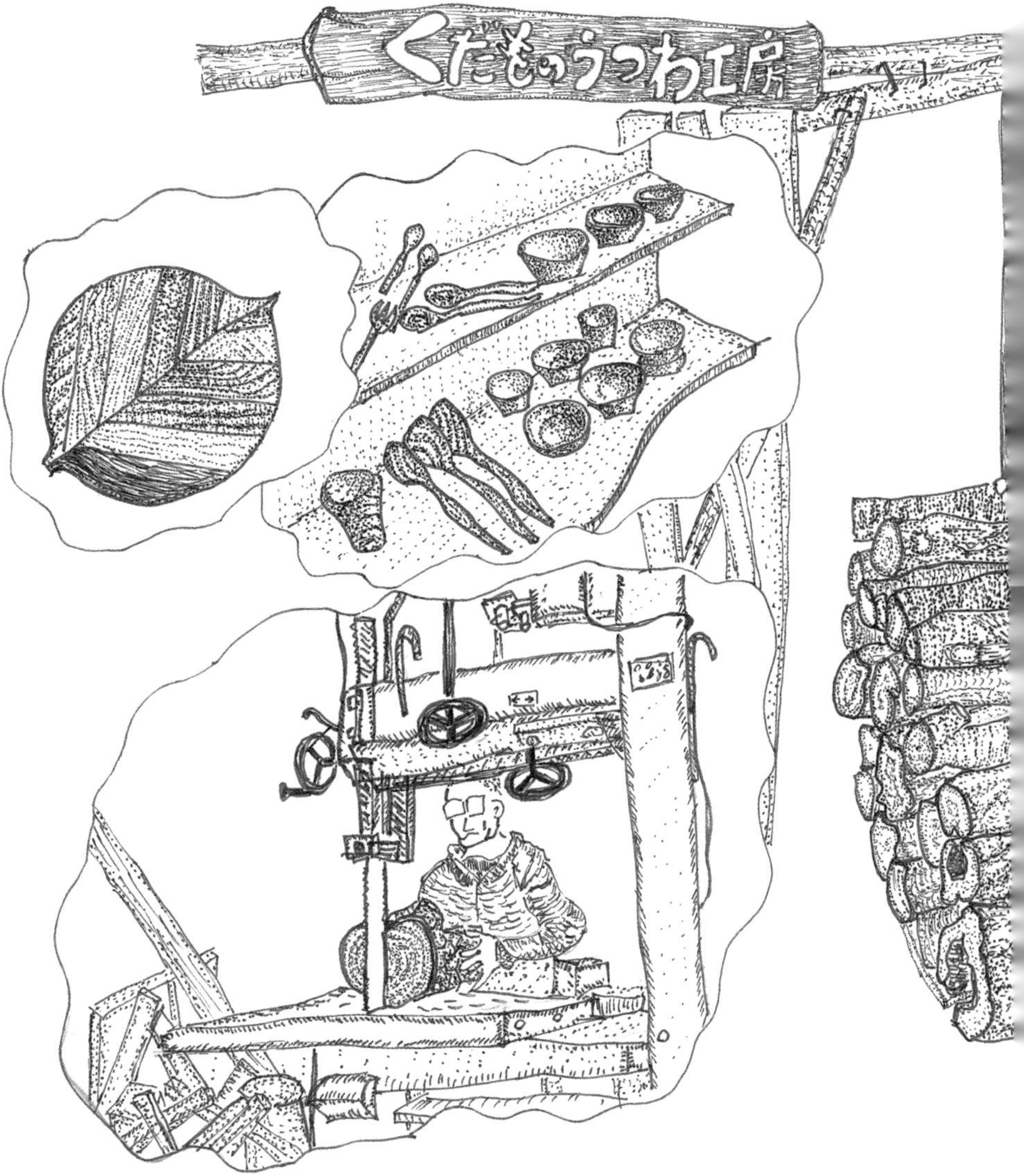

外来種

【メタセコイア】

樹　堂々とした樹形

まっすぐに伸びる木である。先端をよく見るとよろよろと伸びているが、次の年にはシャンと背筋が伸びている。よく街路に並んで植えられている。しかし、伸びすぎて邪魔になるせいか、樹冠の上のほうを半分ほど切り落とされ、枝も切り詰められている姿をよく見かける。メタセコイアらしさが台無しである。本来はとても堂々とした樹であるのに、なぜ、計画性をもたないのだろう。木への情愛が感じられない景観はなにか寂しい。

　山形大学の野堀嘉裕さんは、北極で撮ったメタセコイアの化石の写真を見せてくれた。直径一メートル、高さ二〇～三〇メートル、樹齢一五〇年もあった。温暖だった時代（六五〇〇万～一七〇〇万年前）にトウヒ、カラマツ、ブナ、カツラなどと大森林を作っていたのである。その後の寒冷化で地球上から消えたと思われていた。しかし、中国で発見され、生きた化石と言われている。

材　明るいピンク色

公園とか学校に植えられています。

　材はやわらかく、明るいピンク色でおとなしく、スギによく似ていて軽い木です。カンナ仕上がりがよく、気持ちよく仕上がります。節もきれいに仕上がります。

　成長が早いので年輪の幅が大きく、一センチとか二センチ間隔というのもよくあります。一年に二センチも太ると考えると大変なことだなと思います。家の近くの信州大学農学部の構内で直径六〇センチほどのメタセコイアを切っているのを見て、材として欲しかったのですが、切られたあとどこに行ってしまったかわかりません。残念。

　美しいピンク色なのでドアの鏡板によく使います。テーブルなどにもアクセントとして一部入れたりもします。

が、やわらかいのであまり大きくは使いません。

【使用例】 ドアの鏡板など。

東北大学農学部の食堂前には立派なメタセコイアの並木がある。しかし農学部は移転した。いずれ、木々は伐られ、整地され、そこに新しい建物が建ち、また、小さな苗木が植えられるだろう。

こんなことばかり繰り返すので、いつになっても日本には落ち着いた景色が見られない。

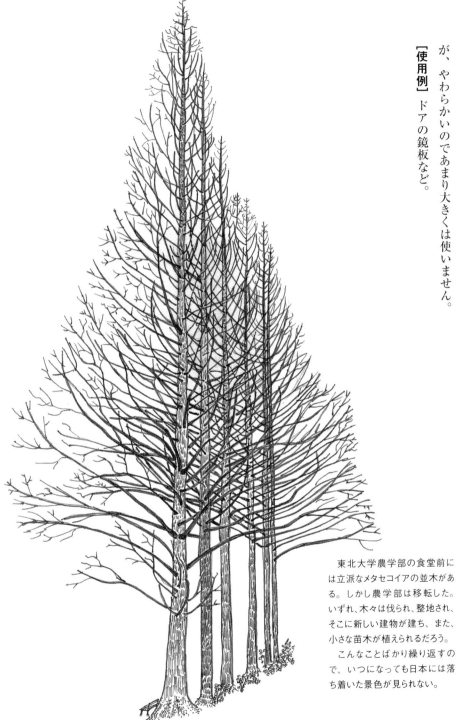

外来種

【ニセアカシア】ハリエンジュ、針槐

樹

利用しながら共存する

北米原産の木だ。生命力旺盛なので鉱山跡地を緑化するために植えられた。しかし、植栽地から逃げ出し、海岸林や道路沿い、川沿いなどで在来種を駆逐している。川沿いで多いのは水を利用して種子を散布するからである。山形大学の小山浩正さんは、ニセアカシアの種子が鞘と一緒に川を下り下流で発芽していることを見つけている。

撹乱地や海岸のクロマツの人工林など単純林では勢いよく増えるが、多様性に富む成熟した森林には侵入できないようだ。侵入を防ぐには時間をかけて遷移を促し森を成熟させることが大事だろう。

ニセアカシアは北米では家具・建具に利用される。重厚な材を利用しない手はない。また、蜂蜜は絶品である。花咲く頃には木全体が白く見えるほどたくさんの花を咲

冬芽の両側に大きな鋭い刺があり、冬芽や新芽が草食動物などに食べられるのを防いでいる。さらに冬芽は枝の中に埋め込まれ外には張り出さない。二重の防御をしている。

マメ科らしい形の白い花は、開いたばかりの薄緑の柔らかな葉を背景に浮き立って見える。あたりには甘い香りが漂っている。花を天ぷらにしたら甘すぎたが、乾かしたチマキザサと混ぜてお茶にしたら上品な味がした。

かせ、周囲は甘い香りに満ちてくる。本当は利用価値の高い木である。利用しながら共存する道を探るべき木である。

材

難物だが最高

暗い黄色の木です。硬くて重くて加工しにくくて乾燥しにくいという面倒な木です。カンナで仕上げるのも難しい。ただそういう木ですので、店舗などの床に使うと最高です。靴のまま歩いても大丈夫です。

加工するときは呼吸困難におちいりそうなにおいがします。粘りもあります。どちらかというと洋家具に向いているように感じます。特にロクロで削って丸脚にすると映えます。

近頃は河川敷などにやたらと生えて嫌われつつありますが、伊那地方ではストーブの薪として人気があります。また、くせのない非常にサッパリとした味の蜂蜜が採れますし、花の天ぷらは最高です。

[使用例] テーブル、椅子、フローリング、キッチンなど。

外来種

【サルスベリ】百日紅

樹　花、樹皮、そして若葉を

他の花が少なくなった夏に咲くので特に豪勢だ。紫がかった紅色の花を樹冠いっぱいに咲かせる。樹高も一〇メートルに届かず公園や街路樹などに好まれる。中国原産の落葉樹で、温暖な地方に植えられている。薄い紅がかった樹皮はツルツルしている。ナツツバキやリョウブのように樹皮を観賞する木でもある。

庭に三種それぞれ植えて、樹皮が剝げ落ちるごとに美しくなる姿を眺めている。しかし、サルスベリだけが毎年のようにカイガラムシがつく。手でそぎ落としているが虫の勢いは衰えない。とうとう主幹が死んで、細い萌芽幹に入れ替わってしまった。

材　すべすべの白い肌

木材市場に直径一〇センチくらい、長さ九〇センチくらいのものが約二〇本で一山出ていたので買いました。硬くて白い木です。硬いので、削ると名前のとおりすべすべになります。あまり大きな木はありませんし、量も少ないです。

のし棒として使われるほか、独楽《こま》などにも使われるようです。

【使用例】 薬ダンスの前板。

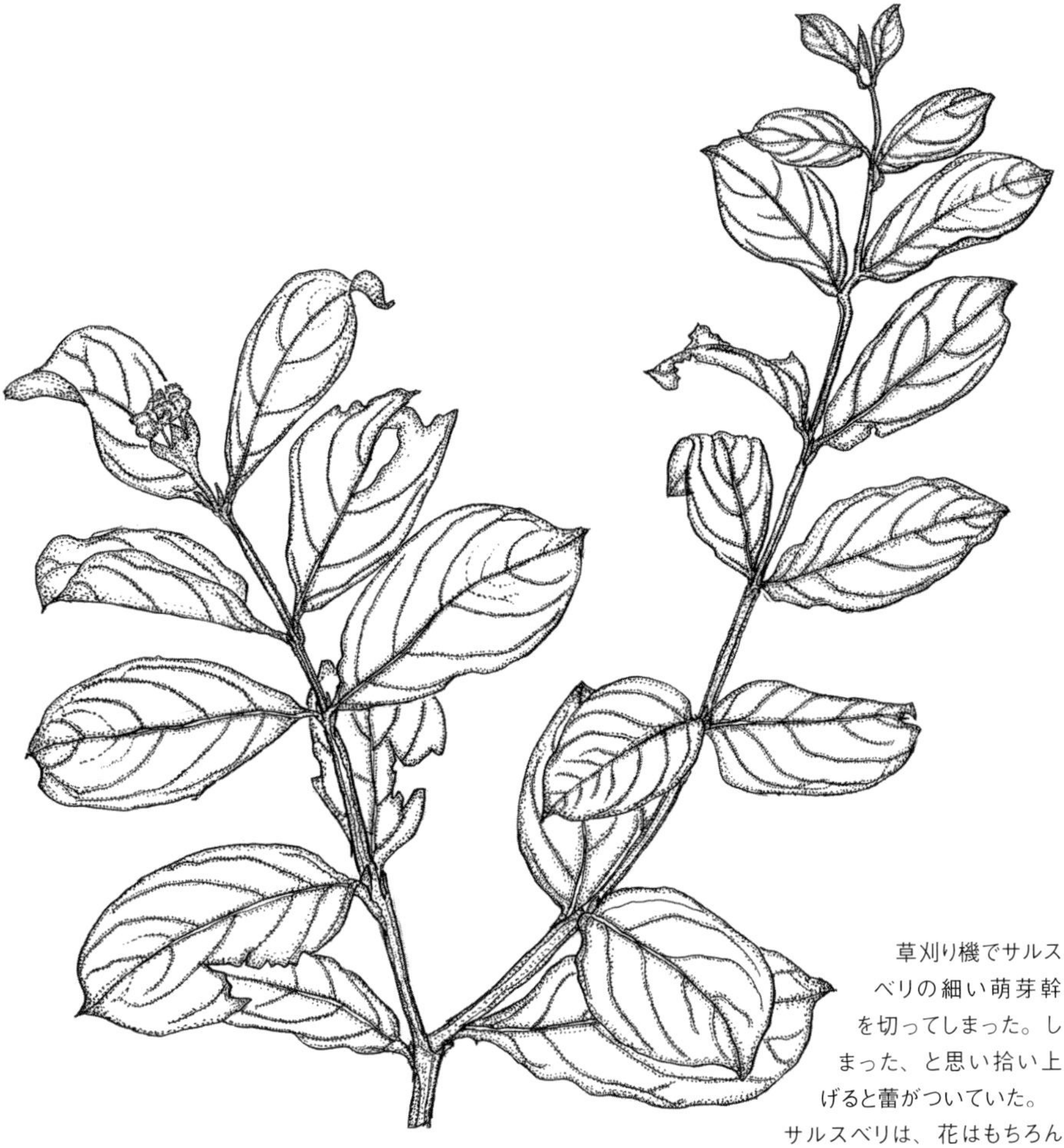

草刈り機でサルスベリの細い萌芽幹を切ってしまった。しまった、と思い拾い上げると蕾がついていた。

サルスベリは、花はもちろん幹も観賞できる。それにも劣らないくらい開きかけの若葉がきれいなのには驚いた。オレンジ色の葉脈が浮き出た小さな葉もまた花のようである。

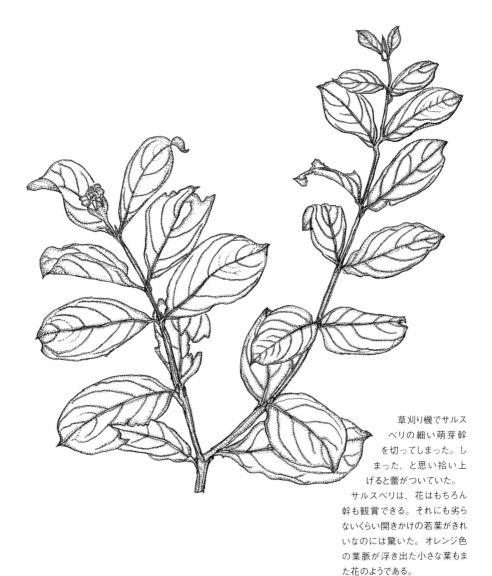

外来種

【チャンチン】香椿

樹

見たこともない色合い

春遅く大きな羽状複葉を広げる。民家の塀の奥から桃色の樹冠が突き出していた。あまり見たことがない色合いに、初めて見たときは驚いた。

中国原産で日本各地の神社やお寺に植えられている。有賀さんの庭では自然に増えている。有賀さんはチャンチンをときどき使う。引き出しの前板に使うと、濃い茶系統の色合いが他の材の色合いを引き締めているように見える。

材

赤ケヤキ

目が覚めるような赤い木です。カンナ仕上がりもいいです。トウヘンボク、トウセンボク、ライデンボクとも呼ばれています。中国原産の木で室町時代から江戸時代に日本に入ってきたらしいですが、伊那谷にはたくさん

高さ23センチほどの小さな実生だが、全長10センチから15センチほどの羽状複葉を上に向けて元気よく伸ばしている。有賀さんの家の周りで天然更新していたものだ。

絵を描いていると何か有機物が腐ったガスのようなにおいがしてきた。いろいろ見回したが、臭気のもとはチャンチンであった。

生えています。山の中にはありませんが山と畑の境目あたりに多いです。

この木を切り倒すと木口が真っ赤ですので、山で木を切る人に「こんな木は使えないでしょう」とチップ工場に送られることが多かったですが、私はこの木が好きで大量に使っています。

最近は林業関係者からも注目されています。というのは成長も早いし色もいいし、加工性もいいし、まっすぐ伸びるのでこの木を山に植えれば二〇年くらいで収穫できるというわけです。私の知っている材木屋さんは「赤ケヤキと言って売っちゃった」と言っていました。チャイニーズ・マホガニーと言われます。

木目はケヤキとそっくり、非常に素直な木で加工も楽です。庭に植えてありますが若芽は赤く美しい（中国では食べるらしいが私はまだ食べたことはありません）。明治時代の本を見ると味噌桶などいろんな生活の道具に使われています。

大きくなる木で、私が見た一番大きな木は近くのチップ工場に出ていたもので、直径八〇センチほど、真ん丸でまっすぐな木で二本ありました。残念ながら先客がいて買えませんでした。

テーブルにすると非常に美しいです。他の木と合わせて使うとより映えます。

［使用例］テーブル、椅子、食器棚、キッチン、洗面台、ドアなど何にでも。写真は、天板と脚の赤い部分がチャンチン、天板の黄色はカヤ、脚の黄色はウルシ。

column 19　製材と乾燥

建具屋もいいけれど、製材屋もいいなと思います。製材ほどおもしろいものはないです。最初に鋸を入れて、どんな木目が出るだろうかという期待に満ちたあの一瞬がたまりません。丸太は当たりはずれが大きいと言いますが、私は今まではずれたことはありません。どんな木にも欠点はありますが、いいところもあります。そのいいところを引き出すように挽けばいいのです。

　製材の方法ですが、私は「丸挽き」とか「ダラ挽き」と呼ばれている方法で製材します。丸太を同じ厚みで、端から挽いていく方法です。太さや用途によって厚さを変えます。直径四〇センチほどの木だと三センチから四センチくらい。六〇センチ以上だと六センチとか九センチの厚さで挽きます。

　スギはほとんど建具用材ですので一般的に柾目に挽きます。柾目は狂わないので建具の框に使います。私は市場に出しても売れない木（たとえば曲がった木、若い細い木、短い木）を大量に使いたいと思っていますので、ほとんど丸太挽きです。柾目、板目両方とれますし、木を無駄なく使えます。特に曲がった木などは「オッ！」と思うほど美しい杢が出ます。

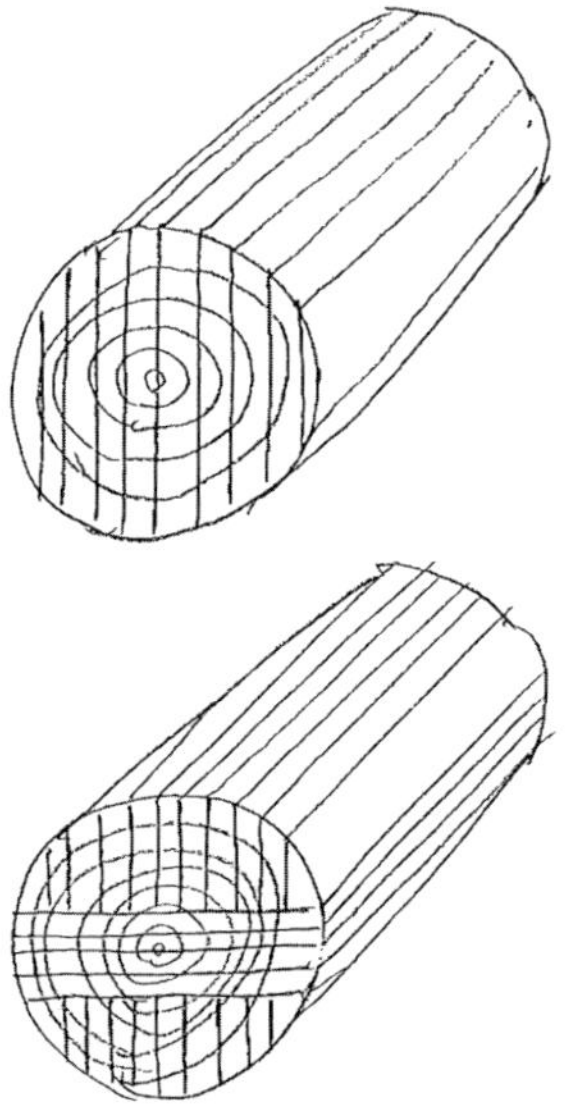

丸太挽き（上）と柾目挽き（下）

乾燥

　製材したらすぐに桟積みをします。放っておくと板がすぐに反り始めるからです。ちなみに板という字は木が反ると書くだけあり、よく反ります。桟積みとは、板と板の間に一五ミリの桟を入れてしっかりした台の上に水平に積み上げることです。そうして乾燥させます。ここで重要なのは「水平」よりも「ねじれ」です。板がねじれたまま乾燥すると歩止まりが極端に悪くなります。

　桟は約一メートルの間隔で入れます。そうやって積んだ板の上にさらに乾燥を始めて一～二年経った木を重しとして乗せます。若い木や曲がった木は元気でどうしても狂いたがりますので、木に重さをかけて狂いたくても狂えない状態にしてしまうのです。

　そうして雨や風に当てて二～三年ほったらかしにします（晒《さら》すとも言います）。その間、風がよく通るように草は刈ります。表面が真っ黒になって腐ったようになればＯＫです。おとなしくなってすぐ使えます。中のアクが外に出てきて黒くなるわけですから、中はその木本来のきれいな色になっています。黒くなっている部分はほんの少しで、厚さ一ミリにもなっていません。私のところにいらっしゃるお客さんは、積み上げている木を見て「こんなに腐っちゃって大丈夫ですか?」と言います。「大丈夫です、こうなると使えるんです」と説明して納得してもらっています。

雨や風に当てないほうがいい木もあります。アカマツ、トドマツ、イタヤカエデ、トチ、サワグルミなどの白い木です。クリ、ナラ、オニグルミ、キリなどは雨に当てるとすごくいい色になります。針葉樹ではスギも雨に当てるときれいな色になります。

屋外で桟積みされた板

天然乾燥と人工乾燥の違い

一番の違いは、細かくできるかできないかということです。天然乾燥（天乾）は細かくできますが人工乾燥（人乾）は難しいのです。天乾は割っても①のようにそのままでいます。人乾は②のように反ってしまうことが多いです。

天乾は使えるまで二年以上かかりますが人乾はかたまりで使えば（細かくしなければ）二〜三ヶ月で使えるようになります。

乾燥方法で一番いいのは水中乾燥だと言われています。木を水の中につけて乾燥させる方法です。木場で木を水に浮かべていますが、その意味もあると言われています。

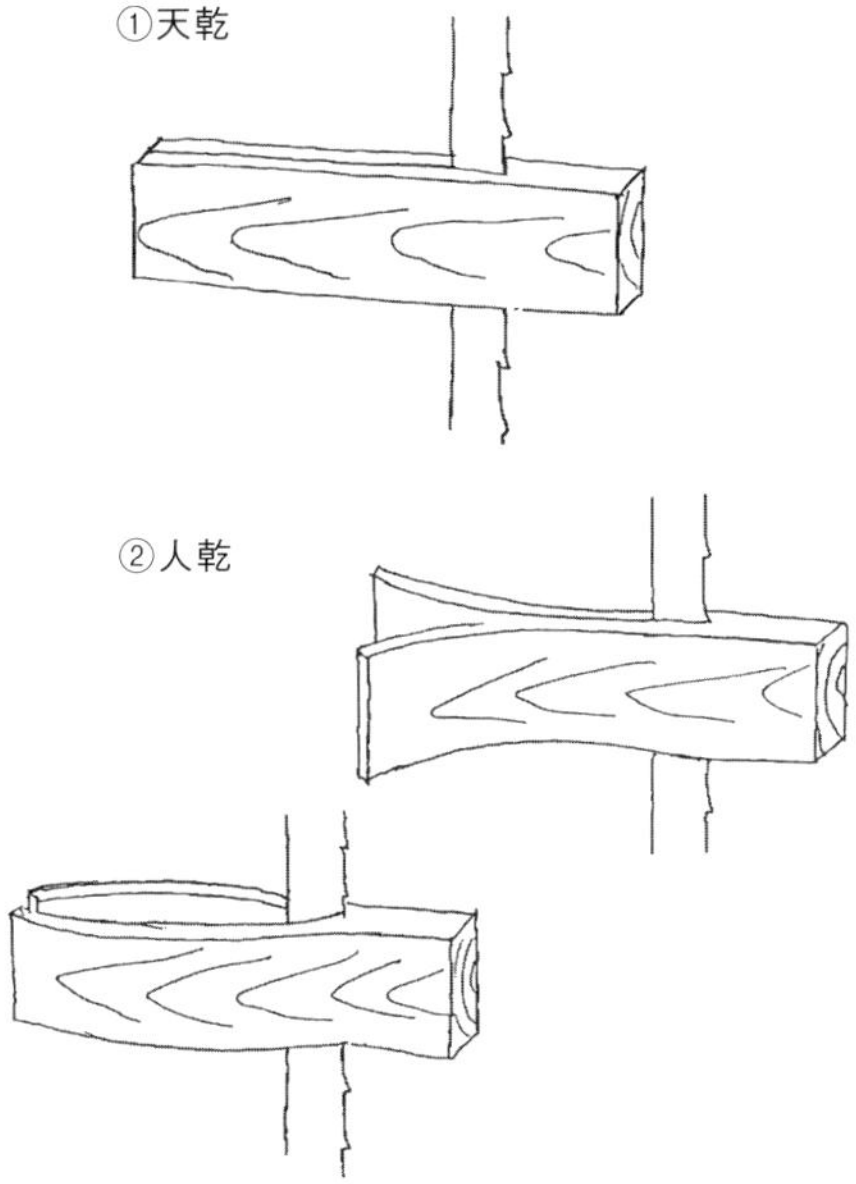

乾燥で一番大事なことは「水分を何%まで落とす」ということではなくて、「木をおとなしくさせる」ことだと思います。時間をかけてゆっくり乾燥させると、今まで使えないと思われていた木も使えるようになります。

木の伸び縮みについて

木は材にしても水分を吸っては伸び、吐き出しては縮んでいます。奥行九〇センチの板では年間で一センチほど伸びたり縮んだりします。長さ方向ではほとんど動きません。これはいくらしっかり乾燥させても止まりません。伸び縮みが止まるときは腐るときです。ですから、木で物を作るときには動くことを前提に作ります。昔からある「アリ差し」という方法がそれです。

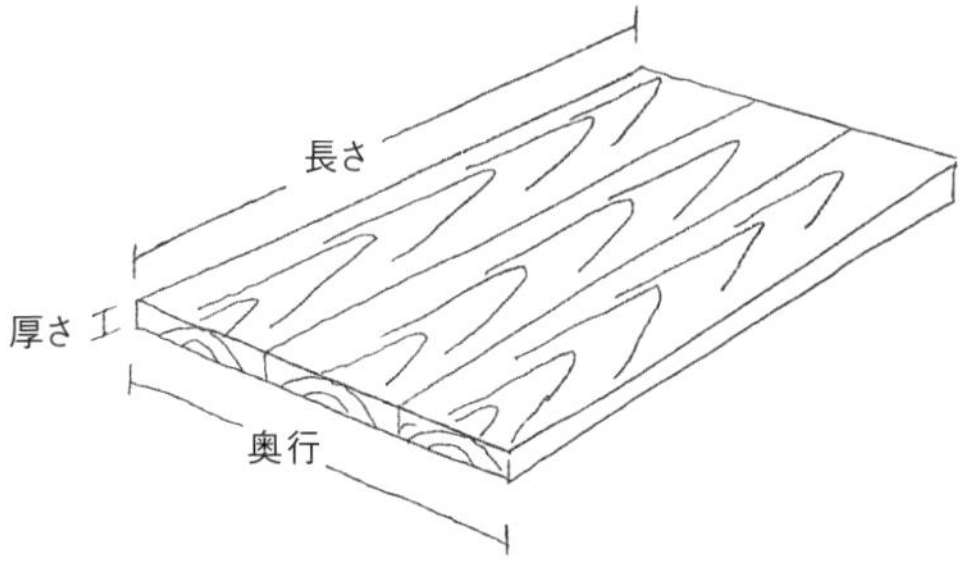

アリ差しは、蟻桟（吸付き桟）と呼ばれるものを使ってテーブルの天板などを固定します。桟の天板にはめ込む部分の形を「アリ」と呼びます。天板からはみ出す部分（下図のA×B）のサイズはデザインや機能性、それに作る人によってまちまちです。桟は固めの木で作ります。

この方法は桟を差すだけで接着剤は使いませんので、上の天板は反らずに自由に伸び縮みができます。長さ一八〇センチくらいのテーブルでは両端に二本入れます。丁寧な仕事をする人は真ん中にも一本入れます。アリ差しで作ると手間がかかる分だけ価格が上がります。通常は駒止めと

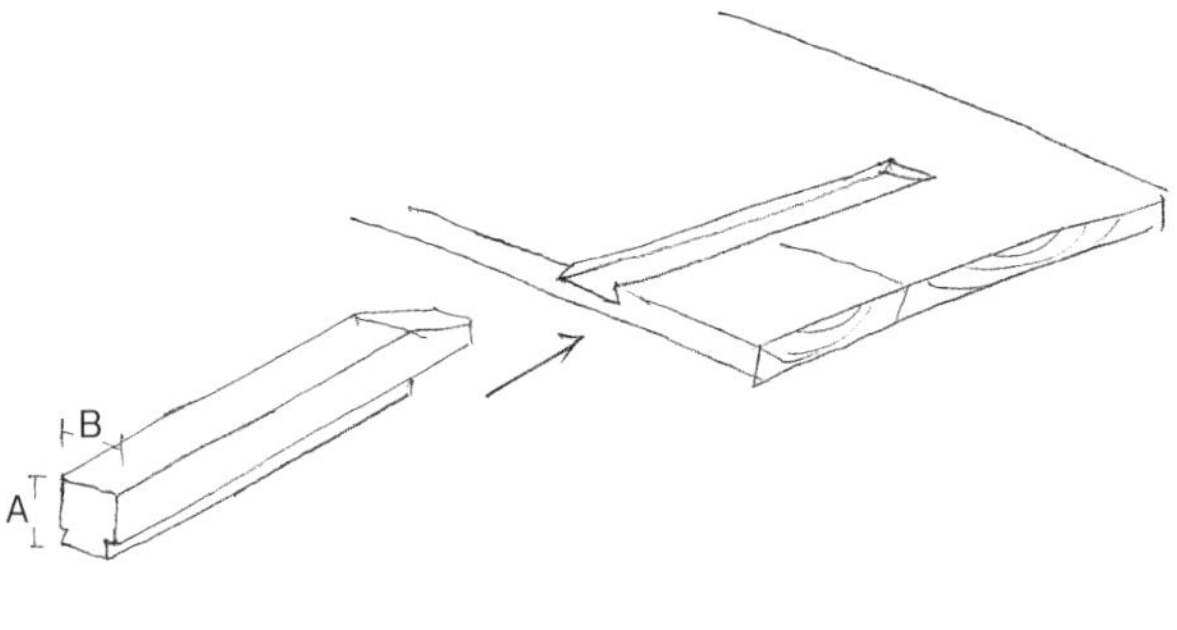

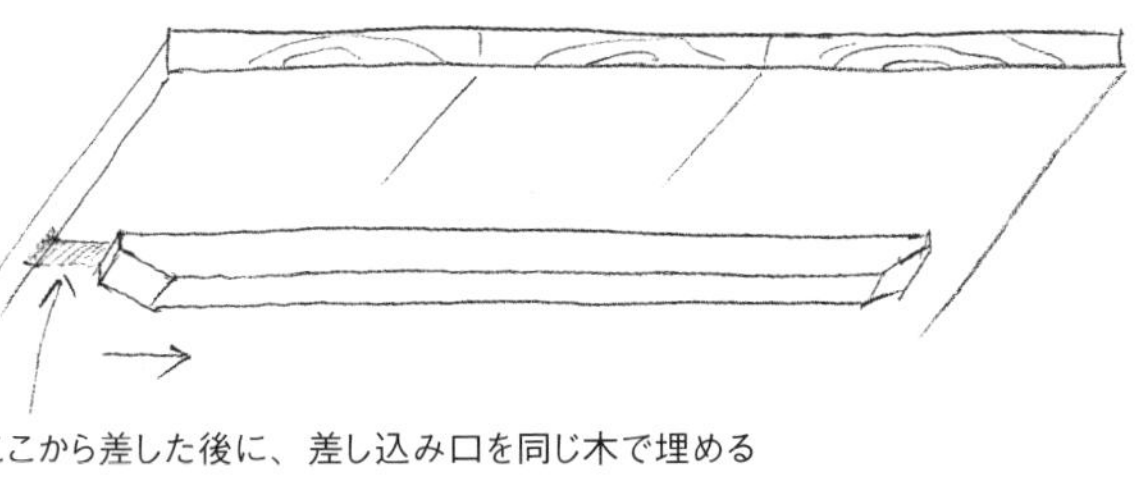

いう方法で作ります。

接着剤や釘などを使ってピッチリ作ると狂ったり反ったり割れたりと後が大変ですから、ある程度いい加減に作ることが大切です。また、伸び縮みができるように木の目の方向を揃えることにも気を使います。

種類も太さもさまざまな木が積まれたチップ工場

【スズカケノキ】鈴懸之木、プラタナス

樹 エネミー・レリーズ

西南アジアから南東ヨーロッパ原産の背の高い木である。街路樹として植えられている。樹皮の剝げ落ちた跡のまだら模様がとてもきれいである。

街路樹には外来種が多い。なぜ外来種を植えたがるのだろう。樹形や樹皮・紅葉がきれいで景観作りにふさわしいからだろうか。それなら在来種でも山ほどある。多分、ひどい病気や害虫がいないので管理が楽なことを苗木業者や造園業者が経験的に知っているからだろう。原産地では長い進化の過程で個々の樹種の防御機構を打ち破る昆虫や病原菌が出現し、樹木に大きなダメージを与える場合が多い。しかし、遠く海を越え、別の大陸に上陸するとそこにはその種を加害するために遺伝子を組み換えてきた虫や病原菌が存在しないのである。外来種は天敵から解放（エネミー・レリーズ）されるので元気に

秋には球形に集まった果実がぶら下がる。山伏が首に掛ける装飾（鈴懸）に似ているので、この名がついたのだそうだ。

大きくなれるのである。しかし、巨大になるスズカケノキは冬には枝も先端も切り詰められ、痛々しい姿を見せている。そんなことをするくらいなら、あまり大きくならない在来の樹種を植えたほうが良い。病虫害が心配ならさまざまな種類の木を混ぜて植えてみたらどうだろうか？　種多様性の高い森ほど病虫害が広まりにくいという研究報告もある。そうしたら、狭い道沿いで変に切り詰めた不恰好な木を見ることもなく、さまざまな色合いを四季を通じて楽しめるだろう。

やはり、スズカケノキは広々としたところに植えてやるべきだろう。

材　鮫肌のような木目

この木は鮫肌のような独特な木目をもっています。色は茶色、ねじれやすいですがカンナ仕上がりはいいです。街路樹として植えられているので割合手に入りやすく、値段も安いです。ただし、二～三年しっかり乾燥させないとねじれます。

現在、大きな板を乾燥中なので何に使おうかと思案中です。これは近くの公園に植えられていたものです。切られた理由はわかりませんが、長さ二・四メートル、直径五〇センチくらいの丸太でした。公園にもよく植えられているようです。

【使用例】引き出しの前板、ドアの鏡板など。

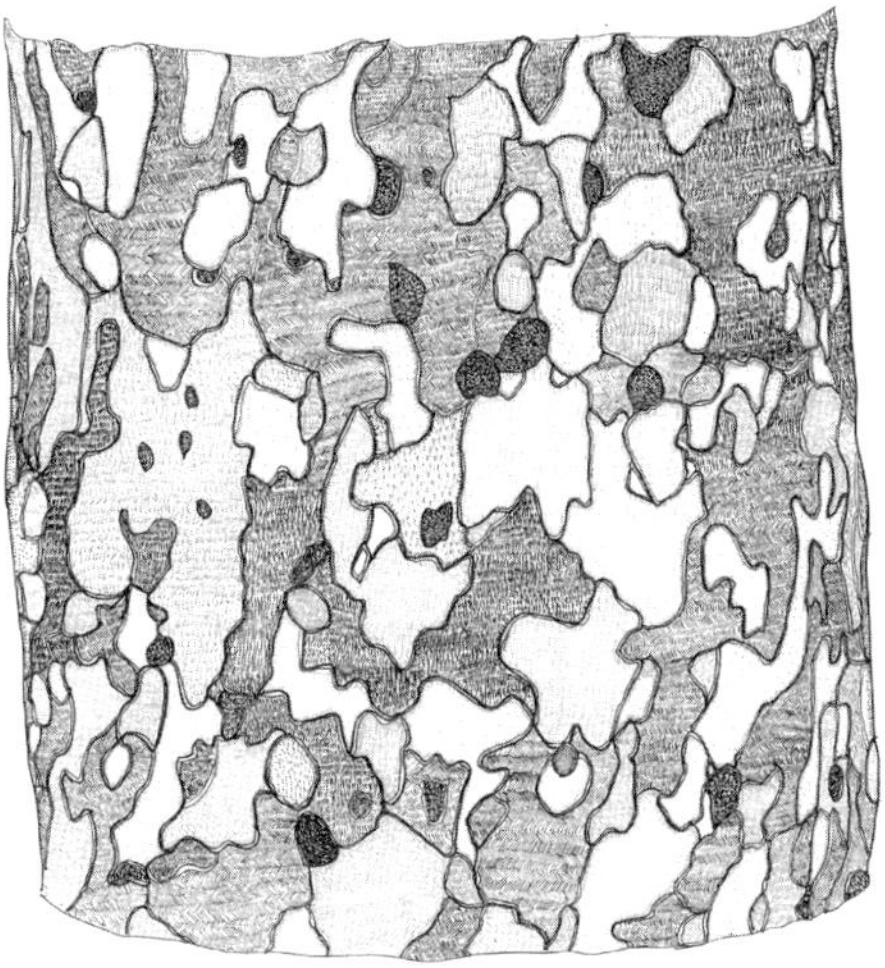

樹皮は鹿の子まだらが特徴的だ。薄肌色と淡い灰白色、そして薄緑色が交じり合っている。茶色が混じることもある。樹皮の絵を書いているとても楽しい。東北大のフィールドセンターにも太くて立派な幹をしたスズカケノキがあったのだが、新しい研究棟を建てるため伐ってしまった。モンゴル人の留学生がその脇を通るたび、「この幹はキレイですね」と言っていたのを思い出す。

そういえば、彼らは仏教だけでなく木々の命も大事にする自然崇拝の信仰をもっていた。地球上には、樹々を敬う民族が多い。地球人はこのことを忘れてはならない。

外来種

【ヒマラヤスギ】

樹

平原の巨木

ヒマラヤやアフガニスタンが原産。原産地では樹高五〇メートル、直径三メートルにも達するという。左右対称の美しい樹形をもつ巨木が広大な土地に立つ姿は雄大そのものだろう。ぜひ、見てみたいものだ。

東北大学農学部付属図書館の横にもヒマラヤスギの並木がある。建物のすぐそばなので本来の樹形は見られないが、やや下垂しながら長く張り出した枝のシルエットはとてもきれいだ。その下に心地よい日陰を作っている。

明治時代に日本に入り、広い庭園などに植えられている。葉の形がスギに似ているためについた名だと牧野富太郎は書いているが、あま

球果は薄緑色に濃紺が交じったとてもきれいな幾何学紋様を見せる。図の球果は開花翌年の春の様子である。さらに一夏成熟してから種子を散布する。

り似ていない。

材

見栄えのする大きな木目

材は硬く、色はカラマツを少し黒くした感じです。針葉樹の中では最も重い部類です。独特のヤニの強いにおいがしますので、少し削ってみるとすぐにわかります。悪いにおいではありません。カンナ仕上がりはとてもいいです。公園や学校に植えられていて、大きな木があります。枝を張らせている姿は立派です。

大学の病院の駐車場の周りにあったものをおあずかりして今乾燥中ですが、長さ五メートル、直径六〇センチくらいの木が五～六本ありました。

もともと用材として育てられていませんので、手に入るのは枝が多く製材すると節だらけです。椅子を作りましたが、木が大きいので木目も大きく、見応えのあるものができました。

【使用例】 椅子、テーブル、キッチン、ドアの鏡板など。

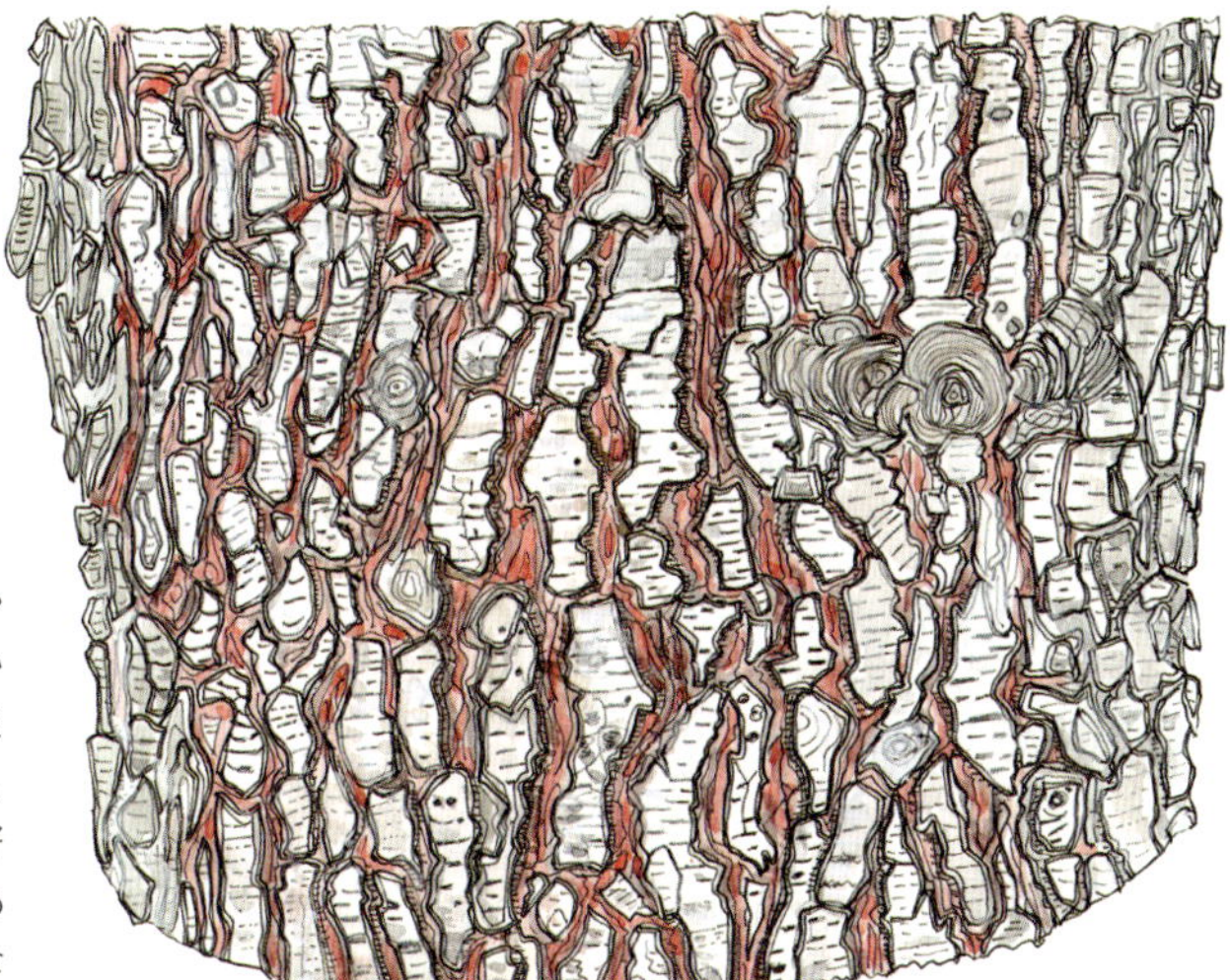

枝がきれいに下垂し、遠くからみるとても美しい姿をしている。近寄ってみると幹はふっくらとして穏やかな感じをうける。赤みがかった樹皮の表情も好ましい。しかし、触るととても堅く締まった、そして重そうな質感を感じる。

腐りにくく耐久性があり、古来、建築用に重宝されてきたのもうなずける。

【イチョウ】銀杏

樹 安心して遊べる場所

幼い時分、集落には巨木が二本もあった。家から出て左に歩いて五〇メートルほどの小さな神社に巨大なスギが、右に歩いて七〇メートルほどのお寺にこれも巨大なイチョウがあった。今では両方とも倒れてしまったが、残っているスギの切り株を調べてみたら、直径二メートルほどあった。二本の巨木の下で散々遊んだ。男はペッチ（面子）、ビー玉、鬼ごっこ、だるまさんが転んだ、国取り、釘さし、相撲、チャンバラごっこなど、それぞれ飽きるまで何日も同じ遊びを続け、飽きたら別の遊びに変えた。

巨木の下にはなにか安心感があった。村の子どもたちは巨木が面倒を見ていたのである。巨木は、枝を大空に広げ、その下で遊ぶ子どもたちをやさしく見守っていたのだ。村に巨木を取り戻せば、また子どもたちが集まっ

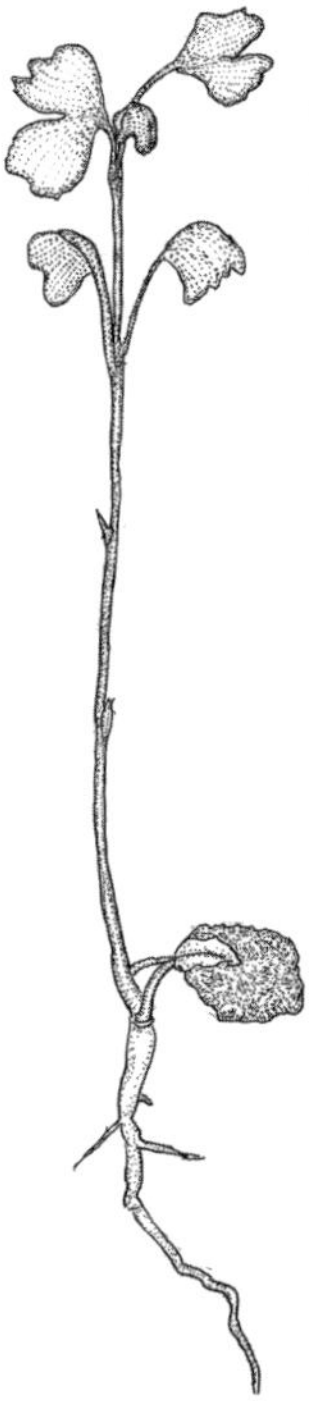

銀杏が好きな父が77歳のときにイチョウを植えたら87歳のときに実がなった。その翌年には芽生えがびっしり生えていた。

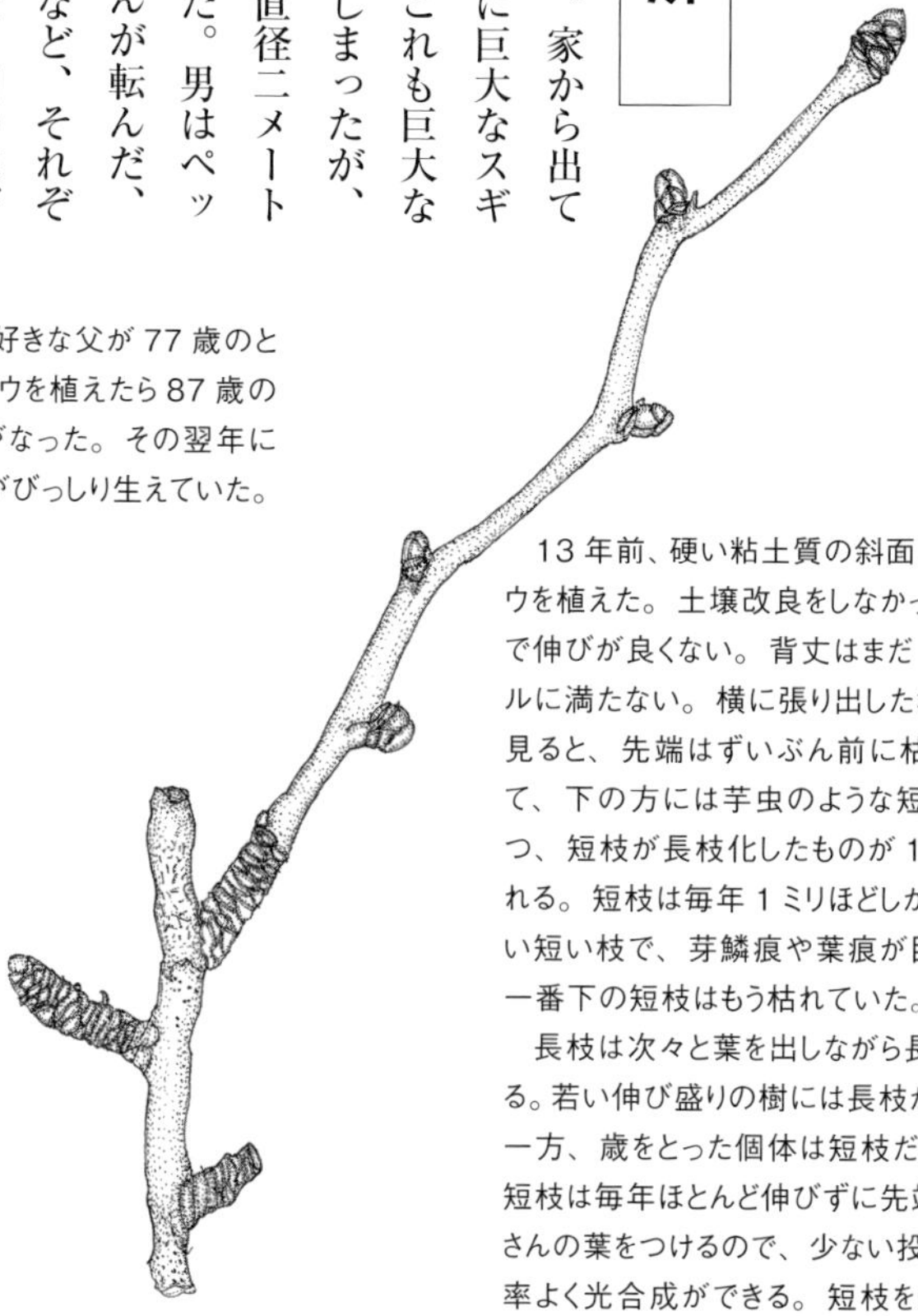

13年前、硬い粘土質の斜面にイチョウを植えた。土壌改良をしなかったせいで伸びが良くない。背丈はまだ1メートルに満たない。横に張り出した枝をよく見ると、先端はずいぶん前に枯れていて、下の方には芋虫のような短枝が2つ、短枝が長枝化したものが1つ見られる。短枝は毎年1ミリほどしか伸びない短い枝で、芽鱗痕や葉痕が目立つ。一番下の短枝はもう枯れていた。

長枝は次々と葉を出しながら長く伸びる。若い伸び盛りの樹には長枝が多い。一方、歳をとった個体は短枝だらけだ。短枝は毎年ほとんど伸びずに先端にたくさんの葉をつけるので、少ない投資で効率よく光合成ができる。短枝をたくさんつけるのは大きな個体を維持するだけでなく、光合成産物を繁殖により多く回すためだろう。

てきて安心して遊ぶに違いない。

宮城県村田町の白鳥神社の大イチョウ。
台風で倒れたが、残った幹から萌芽し再生している。根元から伐らずに見守った人たちがいたのである。

材

広い板をとる

黄色でやわらかく削りやすい木です。削ると独特のにおいが出ます。大きくなるので、広い板がとれます。大きな板の入手が年々難しくなっていく中、イチョウには大いに期待しています。

殺菌効果があるのとやわらかいので、まな板をよく作ります（やわらかいので包丁の刃を傷めない）。我が家のまな板もイチョウです。ヒノキでも作りますが、ヒノキ特有のにおいが強いのでイチョウで作るほうが多いです。実もたいへんおいしい。

「東京都の木」でもありますので東京のお客さんから「イチョウで作ってくれ」と頼まれることもあります。

［使用例］そば打ち台、まな板、ドアの鏡板、テーブルなど。

【キリ】桐

樹 甘い香り

キリの花には芳香がある。甘い柔らかい香りである。触るとビロードのような手触りだ。ちぎって机の上に置いたら二日間ぐらいは良い香りが漂っていた。

筒状で釣鐘のような形の花冠は大きく五～六センチもある。これがたくさん集まって大きな花序を作り、さらにたくさんの花序が裸木の樹冠を占拠している。青空に浮き立つ紫色の花の集まりはとてもきれいだ。ただ、北国の広葉樹の花よりは少し押しが強い感じがする。中国原産の木である。

香りの良い花である。乾燥しても色が残る。ビロードのような手触りもよい。リースに向いているかもしれない。

「桐の箪笥《たんす》」として長く愛されてきたが、天狗巣《てんぐす》病の被害もあって現在の生産量はピーク時の二%しかない。調湿、軽量、難燃、断熱、加工しやすさ、多くの優れた性質を兼ね備えている自然素材をもっと使ったら良いと思うのだが。なぜ、現代人は自然から、木から、遠ざかるのだろう。

材

疲れない椅子

日本の木の中では一番軽いとされています。やわらかくカンナ仕上がりも良いです。材は雨や雪にさらして白くしますが、未晒しのキリとして使う場合もあります。油っ気（私たちは「アク」とも言います）の多い木なので雨や雪にさらして乾燥させます。そうすることによって白くなるのです。キリに限らず木はだいたいそういう傾向が強いので、雨風に当てて乾燥させると良いようです。

軽くて狂いが少ないので昔からタンスや引き出しに使われてきました。通常柾目で使いますが、板目で仕上げるとクリとかタモと間違えてしまうほどよく似ています。

キリの椅子は、まず軽くて喜ばれます。次に座り心地

［使用例］ 椅子、タンス、ドアの鏡板など。

の良さに驚かれます。包み込んでくれる感じで疲れません。欠点は、やわらかいので傷がつきやすいことと、他の木に比べると強度的に弱いということです。それでも、その欠点を承知の上でキリを選ぶお客さんが多いです。

女の子が生まれたらキリを植えて、結婚するときにタンスを作る、という話をよく聞きますが、実際に二〇年くらいで材として使えるまでに育つ木で、成長はおそろしく早いです。通常ヒノキなどは使えるようになるまでに三〇年から四〇年はかかります。

また、この木は非常に生命力が強いので、伐採して丸太のまま横積みしている状態でも芽が出て葉っぱが広がります。その葉っぱが丸太の中の水分を蒸発させて乾燥を早めます。切り倒されて横になっている木から芽が出て葉っぱが広がっている光景はおもしろいです。一般的には板に製材して立てかけて、雨風にさらして乾燥させます。

最近では中国から安価に大量に入ってきますので、国産のキリが市場に出なくなりました。でも、開花の時期になるとかなりの量の花が里山に咲いているのを見ますので、材はけっこうあります。四年ほど前に森林組合からたくさんのキリを切ったから、という話があり、その木を使って今は椅子を作っています。特におすすめです。

キリの椅子。

column 20　樹の命の輝き

北国の奥深い森に今年も遅い春がやってきた。

源流の谷でトチノキは巨大な樹冠一面に円錐状の大きな花をたくさん咲かせている。余りある蜜を用意しミツバチたちを待っている。緩い斜面では灰色の幹にツルアジサイをへばりつかせたホオノキがまっすぐに立っている。白い花弁を少しだけ開き、芳香で甲虫たちを呼んでいる。川沿いで枝を八方に広げたオニグルミは赤い柱頭を青空に突き立てている。花粉を運んでくる風を待っているのだろう。

束の間の夏、果実はどんどん大きくなる。青空が高くなり再び老木たちのまわりはにぎやかになる。ミズキの樹冠に来たヒヨドリのつがいは黒熟した果実だけをついばんで遠く飛び立った。真夜中、ミズナラの太い根元に飛び跳ねながらやってきたアカネズミはドングリを咥《くわ》え素早く立ち去っていった。ダケカンバの薄いタネは強風を受け高い空へ舞い上がっていった。親木から遠く離れた場所へと子どもたちは飛び立っていく。

雪が解け種子が目覚める。無数の小さな芽生えが地上に顔を出す。

しかし、梅雨には容赦なくカビが襲い虫たちが葉を食べ尽くす。

それでも、生き延びた小さな樹は幾十もの湿った夏や寒い冬をやり過ごし、

春になるたび、幼子に戻ったように真新しい葉をひらく。

そして、木はいつしか大きくなっていく。

しかし、森のてっぺんに顔を出せたのは、そして花を咲かせるまでに大きくなれたのはどれくらいなのだろう。

親木から飛び立った種子の、何十万分の一、何百万分の一だ。

さらに人間の世代を幾つも幾つも超えて生き延び、老熟していく。

奥地に立つ巨木は奇跡なのである。

想像を超える時間を生き、樹々のいのちは繋がっていく。

樹々は伐られ、乾かされ、板に挽かれる。

柱になり、床になり、ドアになる。

机になり、椅子になり、おもちゃになる。

手や足につたわる感触は柔らかく、
ふうっと森の香気が漂う。
天然の色合いは二つと同じものはない。
毎日人と向き合い、人生をそばで支える。
机の天板はほどよく磨り減り手の平がよく馴染む。
椅子は柔らかくしなり体の芯をやさしく支える。

使うほどに心地よく、
使うほどに奥底から光を放ってくる。
一つひとつの樹々が、
類いない命の風合いを見せてくれる。
樹々の生命と共に我々は生きているのだ。

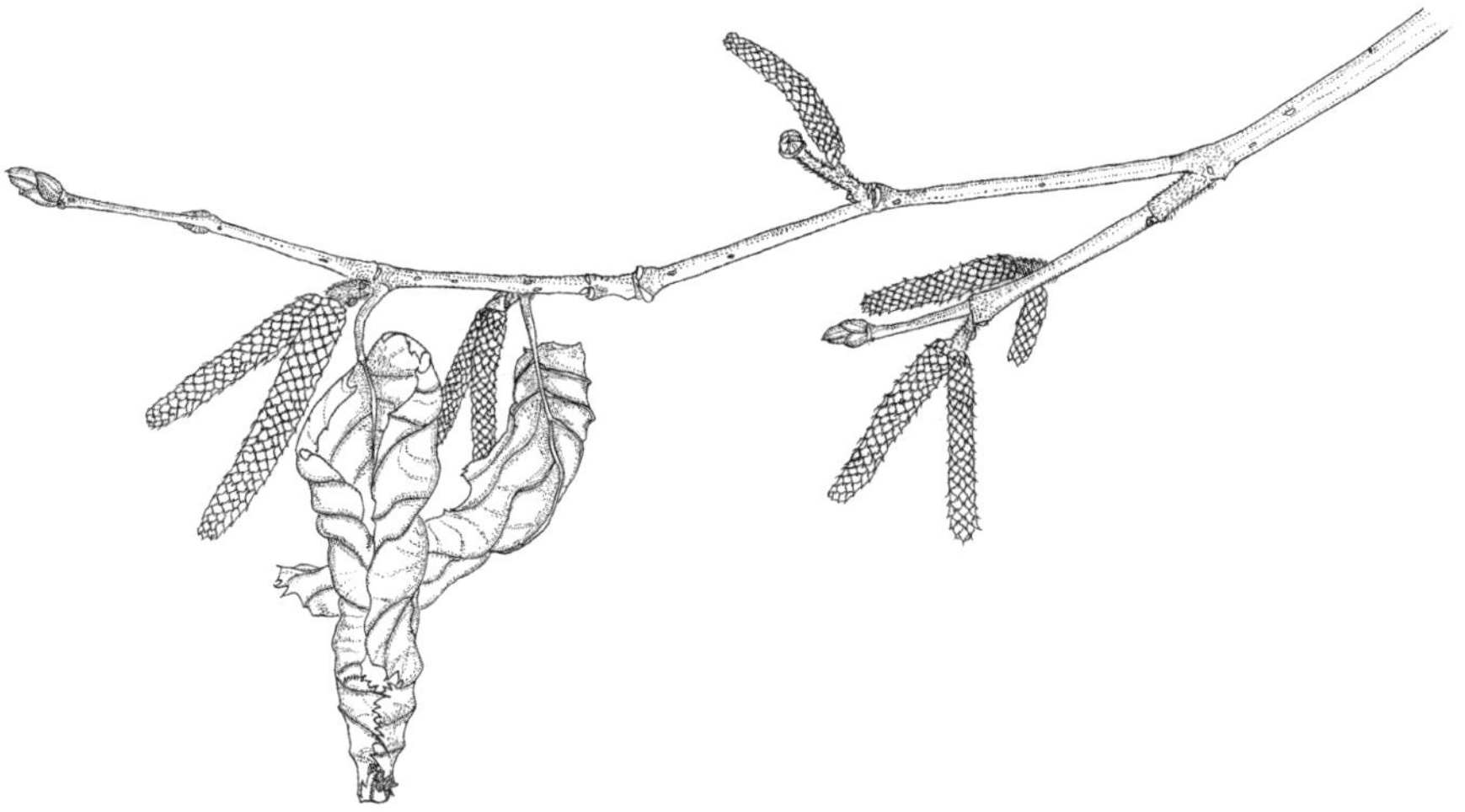

ツノハシバミ

あとがき

本書のイメージが最初に浮かんだのは有賀建具店を訪れたときだった。信州におもしろい建具屋さんがいる、と長野県林業総合センターの小山泰弘さんが教えてくれた。さっそく列車を乗り継いで信州伊那の作業場を訪ねた。奥の展示室に置いてあったタンスを見て驚いた。六四もの引き出しは前板がすべて違う樹種でできていた。さまざまな色合いが混じり合い、まるで秋の広葉樹林のように見えた。森では細く目立たないニガキやウルシも材になると見違えるように輝いている。奥深い森で巨木になるミズナラやトチノキは重厚な色合いを見せ、明るい攪乱地や水辺に生えるシデ類やハンノキ類は軽やかな明るさを見せている。山中でひっそりと可憐な花を咲かせるアズキナシやヤマナシはやはり材も素敵だ。甘い果実をぶら下げていたヤマブドウやサルナシまである。有賀さんも言っていた。「いくつもの樹種を混ぜて家具をつくってもお互いに邪魔せず、なんとなく収まっているように見える」。天然林では高さも太さも、それに寿命も違う多くの樹種がともに生活しているのだから至極当然のことなのかもしれない。しかし、間近でまじまじと見たときの色合いには見飽きることのない奥深さがあったことを、今でもよく覚えている。

樹というものは不思議な生き物である。幹の大半が朽ちても春になれば多くの花を咲かせる。そして、幼木と同じ柔らかな葉を茂らせる。その上、伐られてなおまったく新しい表情を見せ、生き続けるのである。立っているときばかりでなく、伐られた後も人間にとってはかけがえのない友達なのである。製材され乾かされても家具・建具になると再び新しい命を宿しているように見える。いつも野外で見ている樹々が、暖かい家の中で新しく生まれ変わったかのようだ。〝樹は二度生きる〟のである。一本の樹は何十年も何百年も世代を超えて人間を見守ってくれる存在なのである。このことを実感してもらいたいと思って、我々はこの本を書いたのである。

しかし、今、人々は樹々のことも木材のことも忘れてしまったように見える。身の周りにはコンクリートがそびえ、毎日触るものはプラスチックや金属である。目は過激な人工の色彩に慣らされてしまった。樹々の新緑も、紅葉も、木の家具も建具も遠い存在になってしまった。日々忙しい大人たちは樹々にどんな花が咲くのか、考えたこともないだろう。子どもたちも板の手触りも知らずに大きくなり、そして無機的な街で老いていく。物理的な距離だけではない。気分的にも森は遠くなり過ぎたようだ。ほとんどが街に住むようになった現代人にとっては森とは守るべき貴重な自然である。希少なランや野生の鳥たちの住処《すみか》であり木などは伐ってはいけないように思う人も多い。森はまるでテレビの映像のような実感の薄い場所になってしまった。一方、森林所有者や木材業者もまた極端だ。広葉樹の森は一山なんぼのパルプチップや燃料材の供給場所である。価値のある広葉樹は少数で、ほとんどの樹種は安くて価値のない雑木にしか見えないようだ。名前もわからないまま、ぞんざいに広葉樹が扱われるようになったのは昨日今日のことではないのである。

有賀さんは魔法使いのようである。どんな樹でも生かす術《すべ》を使い雑木林を宝の山に変えてしまう。これからは、価値のないと思われていた樹木、細い樹も、つるもすべて利用する。それも高度に利用していくことによって、地域の林業・林産業も栄えるだろう。また、特定の樹種だけ、太い木だけを抜き切りしないことは森の遷移を促し森本来の生物多様性を維持することにつながる。そして森は成熟していく。成熟した森は高い治山・治水機能で地域の人の安全を守り、美しい景色を取り戻すのである。森の動物たちも安心して冬を越せる。そんな、人間も樹木も含めた森の生物すべてがともに生きていけるような共生系が実現できないか、いつも考えている。森の木々に大小はあっても貴賤はない。すべての樹種の地位を高めることが、これまで世話になりっぱなしの人間の役目であり、狭い地球に生きる同じ生物としての責務なのである。

有賀さんが色々な樹種をくまなく利用しているということを知って、こんなに勇気づけられたことはない。有賀さんのような実践を始めている方々も日本全国におられると思うのでぜひ連絡をいただきたい。一緒に森を歩き、木を生かして、地域で暮らせる方法を考えてみたいと思っている。

本書の樹木の絵は実物をスケッチしたものである。ただし、ニガキ、カクレミノ、シウリザクラの成木の葉は写真から描いた。それぞれ、盛岡の森林総合研究所東北支所の八木橋勉さん、筑波の森林総合研究所本所の正木隆さん、美唄の北海道林業試験場の真坂一彦さんに、それぞれの樹木園で撮っていただいたものである。ここに感謝します。この本のアイデアを前進させ実現させてくださった築地書館の土井二郎社長、細部まで行き届いた編集をしていただいた黒田智美さんに心から感謝します。子どものころから鉈や鋸の使い方を教えてくれた父・庄右衛門、絶えぬ刃物傷を手当してくれた母・晶子、一緒に川べりのヤナギを切りに連れていってくれた兄・勝がこのような樹や木材好きにしてくれたものと感謝します。最後に、絵や文章の批評をしてくれた妻・公子に感謝します。

清和　研二

清和先生に「いっしょに本を書きませんか」と言われ、即座に「書きましょう！」と答えてしまいました。が、始めたら物を作る者にとってものを書くということが、いかに大変なことか、よくわかりました。

私のところでは七〇種以上の国産の木を、基本的に着色せずに組み合わせて製品を作っています。そうすることによって、それぞれの木の個性（色、艶、重さ、表情など）がより引き立つように思います。親方（父）からは「色をそろえなさい、木目をそろえなさい、できれば一本の木から作りなさい」と叩き込まれました。それとはまったく、反対の作り方なのですが、きっかけは、「これだけの木があるんだから、うちの居間のドアにいろんな木を入れてほしい」というお客様からの希望でした。

最初は収拾がつかなくなるのでは？とちょっと心配しました。でも、できてみると木と木がけんかすることなく、しっくりと溶け合って、いい感じのものでした。それからたくさん作ってきましたが、不思議なことにどんな木をどのように組み合わせても、しっくりしたすてきなものができます。「自然の力はすごい！」とつくづく感じます。

よく、好きな木は何ですか？と聞かれますが、みんな好きです。特に好きな木は、人や職人に見捨てられた木です。例えば材木市場で「ザツ」とか「ソノタ」という札を下げて売られている木です。他には、曲がっている木、短い木、細い（若い）木、などは職人が「この木は使えない」と決めてしまいます。理由は、狂う、歩止まりが悪い、などです。でもこういう木ほど個性豊かで、表情がいいので好きです。

高校を卒業してこの道に入り、いろんな木を削って四九年経ちました。今まで扱った木は一〇〇種類くらいになると思います。その削ってみた感想をこの本に書きました。これからも、近くにある木を大量に使っていこうと思います。

この本を書くきっかけを与えてくださいました清和先生、木についていつも教えていただいている長野県建具協同組合理事長の横田栄一さん、築地書館の土井さんと黒田さんには大変お世話になりました。最後に、有賀建具店の雑用その他で大変忙しい中、いつも励ましてくれた妻・明美には心から感謝します。本当にありがとうございました。

有賀　恵一

用語集

花序

枝上で複数の花が集団で配列されていることを指す。

ギャップ（樹冠）

成熟した森林で老木が枯れたり倒れたりして、閉鎖していた樹冠が開き森の中にぽっかり開いた明るい隙間。

胸高直径

地上一・三メートルの高さの木の直径。

極相

大きな攪乱のないまま長い時間をかけて遷移が進んだ成熟した森林。その土地の気候（気象）条件や地形・土壌条件によって樹木の種構成やサイズなどは異なる。

菌根菌

植物の根に共生する菌類。植物は菌根菌にエネルギーや炭素源を供給し、菌根菌は植物に栄養塩や水などを供給する。菌糸が根の細胞内に入り込まないものを外生菌根菌と呼び、マツ科、ブナ科、カバノキ科、フタバガキ科などを宿主とする。根内に樹枝状体（アーバスキュル）という特徴的な構造を形成するものをアーバスキュラー菌根菌と呼び、最も一般的に見られる菌根菌である。多くのシダ、草本、木本植物を宿主とする。種特異性はほとんど示さない。

ジャンゼン-コンネル仮説

親木の近くに散布された種子や実生は病原菌やネズミなどの天敵の攻撃によってほとんど死んでしまうが、遠くに散布されたものは生き残る。したがって、親木と子どもは互いに離れて分布するようになる。

一方、親木の下の天敵は親木（同種）の子どもは攻撃するが他種の子どもはあまり強く攻撃しないといった種特異性を示すので、他樹種が生き残る。結果的に親木の近くには他種が分布し、高い種多様性が維持される。

ジャンゼンとコンネル両氏によって提唱され世界中の森林の種多様性の説明に用いられている。このメカニズムは、一つの森林でも特に数量の少ない非優占種で強く作用し、ブナやミズナラなどの優占種での作用は弱い。

製材関係

うずくり

夏目が削られて冬目が浮き上がった状態。

落ち込み

一部が異常に縮んで一部がくぼんでしまい、板が凹凸になってしまうこと。

完満

丸太の先端と根元の直径の差が小さいこと。採材の歩留まりが上がる。

込み栓

柱と土台などを固定するため、柱の側面から打ち込む小木片。

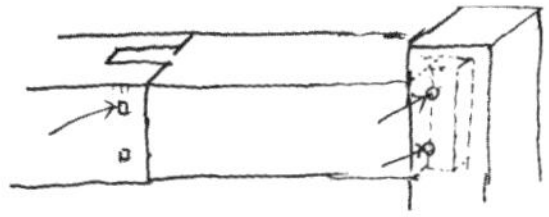

桟積み

材を乾燥させるため、板と板の間に桟を入れて積み上げる方法。

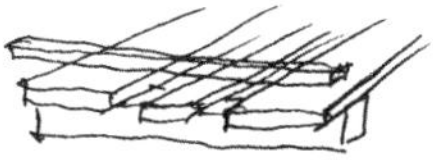

白太《しらた》（辺材）

木が成長している、年輪の外側の部分。乾燥のとき大きく縮む。中心部は「赤身」と呼ぶ。

芯去り材

樹の芯を避けて製材した材をいう。芯去り材の柱は太い木でしかとれない。

突き板

木材を〇・二～〇・六ミリほどに薄くスライスした板材のこと。美しい木目をもつ木材が用いられ、合板の表面などに貼られる。

夏目と冬目

年輪は色の薄い層と濃い層からなり、その薄いほうを夏目、濃いほうを冬目という。

粘り

加工するときの感触を指す。木には粘りのある木と素直な木がある。素直な木の代表はヒノキで、薪割りするとスパンと割れる。粘りのある木の代表はカエデで、薪割りが難しい。

柾目と板目

丸太を板に挽いたときの木目。柾目は年輪が平行に表れ、板目は山型になる。

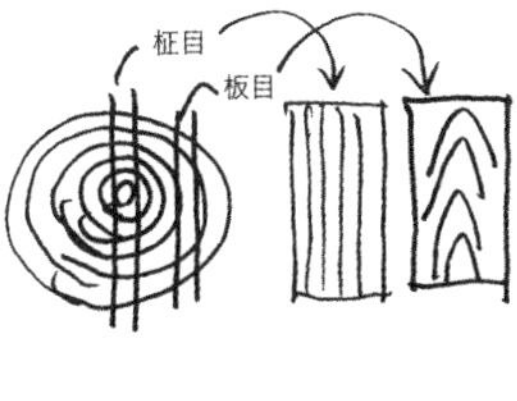

参考文献

青井俊樹　一九九八　ヒグマの原野　フレーベル出版
朝日新聞社編　一九六八　北方植物園　朝日新聞社
Bagchi R, Gallery RE, Gripenberg S, Gurr SJ, Narayan L, Addis CE, Freckleton RP, Lewis OT（2014）Pathogens and insect herbivores drive rainforest plant diversity and composition. Nature 506：85-88
Bardgett RD, Wardle DA（2010）Aboveground-belowground linkages. Biotic interactions, ecosystem processes, and global change. Oxford University Press
Bayandara, Fukasawa Y, Seiwa K（2016）Roles of pathogens on replacement of tree seedlings in heterogeneous light environments in a temperate forest：a reciprocal seed sowing experiment. Journal of Ecology 104, 765-772.
Bayandala, Masaka K, Seiwa K（2017）Leaf diseases facilitate the Janzen-Connell mechanism regardless of light conditions：a 3-year field study. Oecologia（in press）
Bell A D（1991）Plant Form：An illustrated guide to flowering plant morphology. Oxford Univ. Press.
Bursle D, Pinard M, Hartley S.（eds.）（2005）Biotic Interactions in the Tropics. Cambridge Univ. Press.
Comita LS, Muller-Landau HC, Aguilar S, Hubbell SP（2010）Asymmetric density dependence shapes species abundances in a tropical tree community. Science 329：330-332
Fenner M, Thompson K（2005）The Ecology of Seeds. Cambridgr Uni. Press.
深澤遊・九石太樹・清和研二　二〇一三　境界の地下はどうなっているのか——菌根菌群集と実生更新との関係　日本生態学会誌　六三：二三九-二四九
Hasegawa Y, Suyama Y, Seiwa K.（2015）Pollen dispersal efficiency of insects in C. crenata. PLOSONE. 10（3）：e0120393.
林弥栄・古里和夫・中村恒夫編　一九八五　原色樹木大図鑑　北隆館
速水亨　二〇一二　日本林業を立て直す　日本経済新聞出版社
巌佐庸・菊沢喜八郎・松本忠男編　二〇〇三　生態学辞典　共立出版

梶光一・宮木雅美ほか　二〇〇六　エゾジカの保全と管理　二四七頁　北海道大学出版会
川那部浩哉・水野信彦監修　中村太士編　二〇一三　河川生態学　講談社
菊沢喜八郎　一九八三　北海道の広葉樹林　一五二頁　北海道造林振興協会
菊沢喜八郎　一九九九　森林の生態　共立出版
菊沢喜八郎　一九九五　植物の繁殖生態学　蒼樹書房
菊沢喜八郎　一九八六　北の国の雑木林――ツリー・ウォッチング入門　蒼樹書房
木内武男編著　一九九六　木工の鑑賞基礎知識　至文堂
小池孝良編著　二〇〇四　樹木生理生態学　朝倉書店
小林峻大・林田光祐　二〇一四　特異な果実形態を持つケンポナシの種子散布と被食による発芽への影響　東北森林科学会誌　一九：四一-五〇
小山浩正・平智編　二〇一六　森のひみつ木々のささやき――ふつうの人が森へ行く日　山形大学出版会
寺沢和彦・小山浩正編　二〇〇八　ブナ林の応用生態学　三一〇頁　文一総合出版
牧野富太郎　二〇〇八　新牧野植物図鑑　北隆館
Mangan SA, Schnitzer SA, Herre EA, Mack KM, Valencia MC, Sanchez EI, Bever JD (2010) Negative plant-soil feedback predicts tree-species relative abundance in a tropical forest. Nature 466 : 752-5
正木隆編　二〇〇八　森の芽生えの生態学　文一総合出版
水井憲雄　一九九〇　落葉広葉樹の種子繁殖に関する生態学的研究　北海道林業試験場研究報　三〇：一-六一
諸戸北郎編著　一九〇五　大日本有用樹木効用編　大日本山林會
Naeem S, Bunker WE, Hector A, Loreau M, Perrings C (2009) Biodiversity, Ecosystem functioning, & Human wellbeing. An ecological and economic perspective. Oxford University Press
中村太・小池孝良編　二〇〇五　森林の科学　朝倉書店
中静透　二〇〇四　森のスケッチ　二三六頁　東海大学出版会
名久井文明　一九九四　九十歳岩泉市太郎翁の技術――岩手県久慈市山根町端神　一芦舎

名久井文明・名久井芳枝　二〇〇八　地域の記憶――岩手県葛巻町小田周辺の民俗誌　一芦舎
野堀嘉裕　一九九四　北極の化石林　山形農林学会報
NHK「美の壺」制作班　二〇〇六　李朝家具　日本放送出版協会
日本樹木誌編集委員会　二〇〇九　日本樹木誌Ⅰ　日本林業調査会
日本樹木誌編集委員会（印刷中）　日本樹木誌Ⅱ　日本林業調査会
日本植物学会編　二〇一五　植物学の百科事典　丸善
西岡常一　一九八八　木に学べ　小学館
岡恵介　二〇〇八　視えざる森の暮らし――北上山地・村の民俗生態史　大河書房
大林組プロジェクトチーム（監修、福山敏男）　一九八八　古代・出雲大社本殿の復元　季刊大林　二七
太田猛彦　二〇一二　森林飽和――国土の変貌を考える　NHKブックス　日本放送出版協会
恩田裕一編　二〇〇八　人工林荒廃と水土砂流出の実態　二四五頁　岩波書店
林業技術編集部　一九九五　戦後五〇年の林業生産活動「統計に見る日本の林業」　林業技術　六三四：四〇-四一
林野庁　二〇一六　放射性物質の現状と森林・林業の再生　林野庁
坂本嵩編　一九九二　坂本直行スケッチ画集　ふたば書房
Scherer-Lorenzen M, Korner C, Schulze ED (2005) Forest diversity and function. Temperate and boreal systems. Ecological studies 176. Springer
Schulze E-D, Mooney H. A. 1994 Biodiversity and Ecosystem Function, Springer
清和研二　二〇〇九　広葉樹林化を林業再生の起点にしよう――土地利用区分ごとの混交割合とその生態学的・林学的根拠　森林技術　八一一：二-八
清和研二　二〇一〇　広葉樹林化に科学的根拠はあるのか？――温帯林の種多様性維持メカニズムに照らして　森林科学　五九：三-八
清和研二　二〇一二　種の多様性を活かした林業の再生――震災を越えて　国際森林年・震災復興に林業・木材産業はいかに貢献できるか　農林水産叢書六九　農林水産奨励会

清和研二　二〇一三　多種共存の森——一〇〇〇年続く森と林業の恵み　築地書館
清和研二　二〇一三　スギ人工林における種多様性回復の階梯——境界効果と間伐効果の組み合わせから効果的な施業方法を考える　日本生態学会誌　六三：二五一‐二六〇
清和研二　二〇一五　樹は語る——芽生え・熊棚・空飛ぶ果実　築地書館
清和研二・林誠二　二〇一五　スギ人工林の針広混交林化とコンポスト利用——炭素固定の促進と環境負荷の低減（中井ほか編　コンポスト科学）一一七‐一二六　東北大出版会
清和研二　二〇一五　論壇「混植」のすすめ——混交林の可能性　森林技術　八三三：二‐七
柴田叡弌・日野輝明編著　二〇〇九　大台ケ原の自然誌——森の中のシカをめぐる生物間相互作用　三〇〇頁　東海大学出版
スウェーデン林業委員会　一九九七　豊かな森へ（神崎康一ほか訳）　こぶとち出版
立川史郎・瓜田元美・渡邊篤・澤口勇雄　二〇一一　馬搬作業の搬出功程と土壌への影響——小規模な搬出工程における馬搬作業の可能性　東北森林科学会誌　一六：一‐六
寺原幹生・山崎実希・加納研一・陶山佳久・清和研二　二〇〇四　冷温帯落葉広葉樹林における地形と樹木種の分布パターンとの関係　複合生態フィールド教育研究センター報告　二〇：二三‐二八
千葉翔・小山浩正　二〇一二　水に対する浮力実験によるニセアカシアの莢が種子の散布に与える効果の検討　東北森林科学会誌　一七：四二‐四六
津村義彦・陶山佳久編著　二〇一五　地図でわかる樹木の種苗移動ガイドライン　文一総合出版
Xia Q, Ando M, Seiwa K (2016) Interaction of seed size with light quality and temperature regimes as germination cues in 10 temperate pioneer tree species. Functional Ecology 30, 866–874
吉岡俊人・清和研二編　二〇〇九　発芽生物学　文一総合出版
山崎青樹　一九八一　草木染めの事典　東京堂出版

*単行本に収録されている場合、個々の論文は省略した

著者紹介

清和研二（せいわ・けんじ）

1954年山形県櫛引村（現 鶴岡市黒川）生まれ。月山山麓の川と田んぼで遊ぶ。北海道大学農学部卒業。東北大学大学院農学研究科教授。

北海道林業試験場で広葉樹の芽生えの姿に感動して以来、樹の花の咲き方や種子の発芽、さらには種子の散布などについて観察を続けている。近年は天然林の多種共存の不思議に魅せられ、その仕組みと恵みを研究している。趣味は焚き火。

著書に『多種共存の森』『樹は語る』（以上、築地書館）、編著・共著に『発芽生物学』『森の芽生えの生態学』（以上、文一総合出版）、『樹木生理生態学』『森林の科学』（以上、朝倉書店）、『日本樹木誌』（日本林業調査会）などがある。

seiwa@bios.tohoku.ac.jp、seiwakenji@gmail.com

有賀恵一（あるが・けいいち）

1950年長野県伊那谷に建具職人の長男として生まれる。高校時代は山形県の飯豊山の麓の巨木林の中にあった基督教独立学園で過ごす。帰郷後、父の元で10年間建具の修行を経て、有賀建具店を継ぐ。今までムダだと言われてきた木や端材を使い、100種以上の木を集め、数年間乾燥させたのち、多種多様な木の個性を生かして、家具・建具からキッチン、ドアまで家に関わる内装を手掛けている。

樹と暮らす　家具と森林生態

2017年5月15日　初版発行
2023年4月18日　3刷発行

著者　清和研二＋有賀恵一
発行者　土井二郎
発行所　築地書館株式会社
〒104-0045 東京都中央区築地 7-4-4-201
TEL.03-3542-3731　FAX.03-3541-5799
http://www.tsukiji-shokan.co.jp/
振替 00110-5-19057
印刷・製本　シナノ印刷株式会社
装丁・本文デザイン　秋山香代子

　ISBN978-4-8067-1535-1